全国中等职业学校电工类专业通用
全国技工院校电工类专业通用（中级技能层级）

电子技术基础（第六版）
习题册

郭　赟　主编

中国劳动社会保障出版社

简　介

本习题册为全国中等职业学校电工类专业通用教材 / 全国技工院校电工类专业通用教材（中级技能层级）《电子技术基础（第六版）》的配套用书。本习题册按照教材章节顺序编写，内容紧扣教学要求，知识点分布均衡，题型丰富多样，习题难易适中，有助于学生复习巩固所学知识。

本习题册由郭赟任主编，苗小利、李素敏、王帅军、张坤平参与编写。

图书在版编目（CIP）数据

电子技术基础（第六版）习题册 / 郭赟主编 . -- 北京：中国劳动社会保障出版社，2020

全国中等职业学校电工类专业通用　全国技工院校电工类专业通用 . 中级技能层级

ISBN 978-7-5167-4592-2

Ⅰ. ①电…　Ⅱ . ①郭…　Ⅲ. ①电子技术 – 中等专业学校 – 习题集　Ⅳ. ①TN-44

中国版本图书馆 CIP 数据核字（2020）第 241052 号

中国劳动社会保障出版社出版发行

（北京市惠新东街 1 号　邮政编码：100029）

*

三河市潮河印业有限公司印刷装订　　新华书店经销

787 毫米 ×1092 毫米　16 开本　8.75 印张　186 千字

2020 年 12 月第 1 版　　2025 年 9 月第 11 次印刷

定价：17.00 元

营销中心电话：400-606-6496

出版社网址：http://www.class.com.cn

http://jg.class.com.cn

版权专有　　侵权必究

如有印装差错，请与本社联系调换：（010）81211666

我社将与版权执法机关配合，大力打击盗印、销售和使用盗版图书活动，敬请广大读者协助举报，经查实将给予举报者奖励。

举报电话：（010）64954652

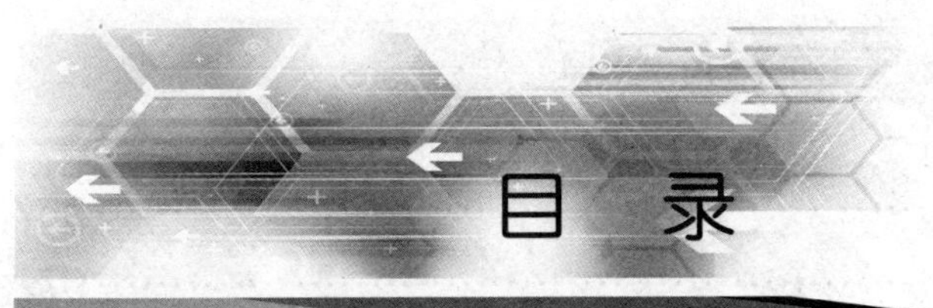

目 录

第一章　半导体二极管

第二章　半导体三极管及放大电路

第三章　集成运算放大器及其应用

第四章　正弦波振荡电路

第五章　直流稳压电源

第六章　门电路及组合逻辑电路

第七章　触发器及时序逻辑电路

第八章　晶闸管及其应用电路

第一章　半导体二极管

§1-1　半导体的基本知识

一、填空题（将正确的答案填写在横线上）

1. 根据导电能力来衡量，自然界的物质可以分为________、________和________三类。

2. 导电性能界于导体和绝缘体之间的物质是________。

3. 最常用的半导体材料主要是________和________。

4. 半导体具有________特性、________特性和________特性。

5. PN 结正偏时，P 区接电源的________极，N 区接电源的________极；PN 结反偏时，P 区接电源的________极，N 区接电源的________极。

6. PN 结具有________特性，即加正向电压时 PN 结________，加反向电压时 PN 结________。

7. PN 结正向偏置时，应该是 P 区的电位比 N 区的电位________。

二、判断题（正确的在括号内打"√"，错误的在括号内打"×"）

1. 半导体电阻会随温度的升高而增大。（　　）

2. 纯净的半导体掺入微量的杂质后，导电能力会减弱。（　　）

3. PN 结正向偏置时电阻小，反向偏置时电阻大。（　　）

三、选择题（将正确答案的序号填入括号中）

1. PN 结的最大特点是具有（　　）。

   A. 导电性　　B. 绝缘性　　C. 单向导电性　　D. 负阻性

2. 半导体受光照后，其导电性能（　　）。

   A. 增强　　B. 减弱　　C. 不变　　D. 不一定

3. 当外界温度升高时，半导体的导电能力（　　）。

   A. 不变　　B. 增加　　C. 显著增加　　D. 先减小后增加

4. 下列说法正确的是（　　）。

   A. PN 结正向偏置时，P 区接电源正极，N 区接电源负极

   B. PN 结正向偏置时，N 区接电源正极，P 区接电源负极

   C. PN 结正向偏置时，电源极性可以任意调换

   D. PN 结正向偏置时，不接电源

§1-2　半导体二极管

一、填空题（将正确的答案填写在横线上）

1. 二极管P区的引出端称为________极或________极，N区的引出端称为__________极或______极。

2. 二极管按所用材料不同可分为____________和____________两类；按用途不同分为_________二极管、________二极管、________二极管、________二极管、________二极管、________二极管、________二极管等。

3. 二极管的正向接法是________接电源的正极，________接电源的负极；反向接法则相反。

4. 硅二极管导通时的管压降约为___________V，锗二极管导通时的管压降约为________V。

5. 二极管最主要的特性是________，即PN结正偏时呈________状态，正向电阻很________（小，大），正向电流很________（小，大）；PN结反偏时呈________状态，反向电阻很________（小，大），反向电流很________（小，大）。

6. 二极管是用一个PN结制成的半导体器件，它最基本的性质是单向导电性，可用伏安特性来描述，硅二极管的死区电压和正向压降比锗管的________，而反向饱和电流比锗管的________得多。

7. 硅二极管的死区电压约为________V，锗二极管的死区电压约为________V。

8. 使用二极管时，应考虑的主要参数是_______________和_______________。

9. 如果电路中流过二极管的正向电流过大，二极管将会________；如果加在二极管两端的反向电压过高，二极管将会________。

10. 2CW是________材料的________二极管；2AP是________材料的________二极管；2DZ是________材料的________二极管；2AK是________材料的________二极管。

11. 有一锗二极管的正、反向电阻均接近于零，表明该二极管已________；有一硅二极管的正、反向电阻均接近于无穷大，表明该二极管已________。

12. 在相同的反向电压作用下，硅二极管的反向饱和电流常________于锗二极管的反向饱和电流，所以硅二极管的热稳定性较________。

13. 发光二极管将________信号转换成________信号；光电二极管将________信号转换成________信号。其中，_______________常用作显示器件。

二、判断题（正确的在括号内打“√”，错误的在括号内打“×”）

1. 二极管是线性元器件。　　（　　）

2. 一般来说，硅二极管的死区电压小于锗二极管的死区电压。　　（　　）

3. 不论是哪种类型的半导体二极管，其正向电压都为0.3 V左右。　　（　　）

4. 二极管具有单向导电性。　　（　　）

5. 二极管的反向饱和电流越大，二极管的质量越好。（　　）
6. 二极管加正向电压时一定导通。（　　）
7. 二极管加反向电压时一定截止。（　　）
8. 有两个电极的元器件都称为二极管。（　　）
9. 二极管一旦反向击穿就一定损坏。（　　）
10. 当反向电压小于反向击穿电压时，二极管的反向电流很小；当反向电压大于反向击穿电压时，其反向电流迅速增大。（　　）
11. 用数字式万用表测试二极管时，显示“000”，说明该二极管内部开路。（　　）
12. 二极管正反向电阻相差越小越好。（　　）
13. 光电二极管和发光二极管使用时都应接反向电压。（　　）
14. 光电二极管可以用于指示电路通断。（　　）
15. 发光二极管可以接收可见光。（　　）
16. 当增大变容二极管两端的反向电压时，结电容减小。（　　）

三、选择题（将正确答案的序号填入括号中）

1. 当加在硅二极管两端的正向电压从 0 开始逐渐增加时，硅二极管（　　）。

A. 立即导通　　B. 到 0.3 V 才开始导通

C. 超过死区电压时才开始导通　　D. 不导通

2. 把电动势为 1.5 V 的干电池的正极直接接到一个普通硅二极管的正极，负极直接接到硅二极管的负极，则该管（　　）。

A. 基本正常　　B. 击穿　　C. 烧坏　　D. 电流为零

3. 当硅二极管加上 0.4 V 正向电压时，该二极管相当于（　　）。

A. 很小的电阻　　B. 很大的电阻

C. 短路　　D. 电容

4. 加在硅二极管上的正向电压大于死区电压时，其两端电压（　　）。

A. 随所加电压增加而变大　　B. 为 0.7 V 左右

C. 随所加电压增加而减小　　D. 为 0.3 V 左右

5. 在电路中测得某二极管正、负极电位分别为 3 V 与 10 V，则可判断该二极管（　　）。

A. 正偏　　B. 反偏

C. 零偏　　D. 已损坏

6. 下列符号中，表示发光二极管的是（　　）。

A. 　　B. 　　C. 　　D. 

7. 用万用表直流电压挡分别测得 V1、V2 和 V3 的正极与负极对地的电位如图 1-1 所示，则 V1、V2 和 V3 的偏置为（　　）。

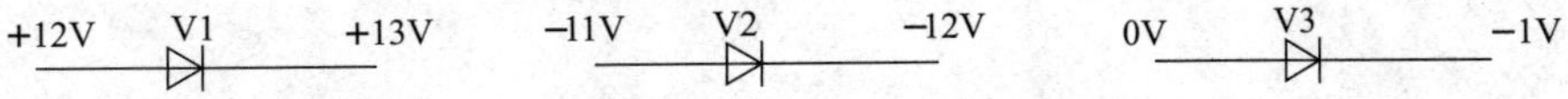

图 1-1

A. V1、V2 和 V3 均正偏　　B. V1 反偏，V2 和 V3 正偏
C. V1、V2 反偏，V3 正偏　　D. V1、V2 和 V3 均反偏

8. 某二极管的反向击穿电压为 150 V，则其最高反向工作电压（　　）。
A. 约等于 150 V　　B. 略大于 150 V
C. 等于 75 V　　D. 等于 300 V

9. 下列参数中，（　　）不是二极管的主要参数。
A. 电流放大倍数　　B. 最大整流电流
C. 最高反向工作电压　　D. 反向电流

10. 当环境温度升高时，二极管的反向电流将（　　）。
A. 增大　　B. 减小
C. 不变　　D. 先大后小

11. 用于整流的二极管型号是（　　）。
A. 2AP9　　B. 2CW14C
C. 2CZ52B　　D. 2CK84A

12. 2AP9 表示（　　）。
A. N 型材料整流管　　B. N 型材料稳压管
C. N 型材料普通管　　D. N 型材料开关管

13. 用数字式万用表测量二极管好坏时，如果两次测量示数均显示“1”或“.OL”，说明（　　）。
A. 二极管短路　　B. 二极管开路
C. 二极管正常　　D. 万用表烧坏

14. 用数字式万用表测试二极管时，显示 0.550~0.700 V，则该二极管（　　）。
A. 是锗管　　B. 短路
C. 开路　　D. 是硅管

15. 变容二极管工作时，应（　　）。
A. 加反向电压　　B. 加正向电压
C. 加正向电压或反向电压　　D. 不加电压

16. 发光二极管工作时，应（　　）。
A. 加正向电压　　B. 加反向电压
C. 加正向电压或反向电压　　D. 不加电压

17. 变容二极管常用在（　　）电路中。
A. 高频　　B. 低频
C. 直流　　D. 所有

18. 交通信号灯采用的是（　　）二极管。
A. 发光　　B. 光电
C. 变容　　D. 稳压

四、综合题

1. 从二极管的伏安特性曲线看，硅管和锗管有什么区别？

2. 在图 1-2 所示电路中，哪一个灯泡不亮？

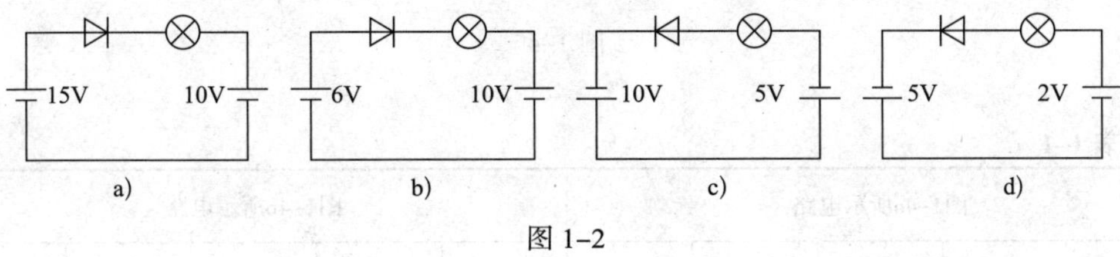

图 1-2

3. 在图 1-3 所示电路中，设各二极管均为理想二极管，试判断各二极管是导通还是截止，并求 U_{AO} 的值。

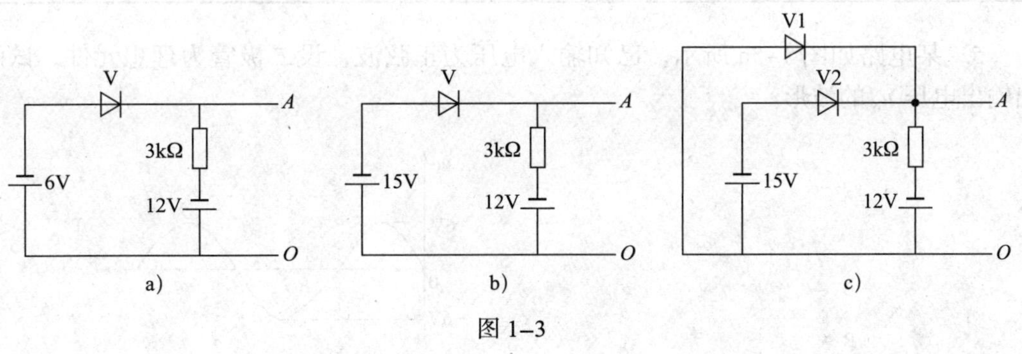

图 1-3

4. 设图 1–4 所示电路中的 V1、V2 均为理想二极管，试根据表 1–1 所给输入值，判断二极管的工作状态，确定 U_o 的值，并将结果填入表 1–1 中。

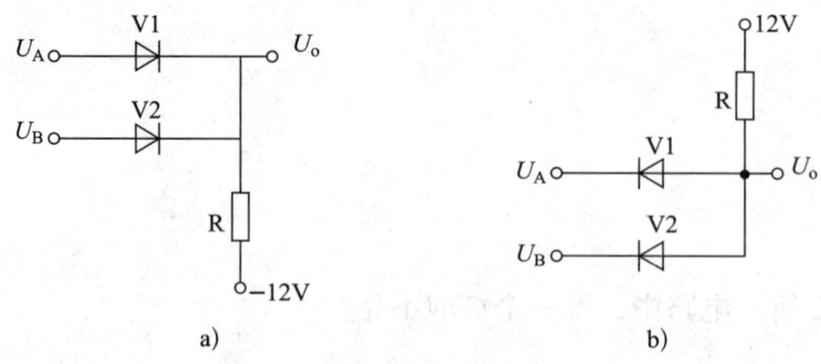

图 1–4

表 1–1

图1–4a所示电路					图1–4b所示电路				
U_A/V	U_B/V	V1	V2	U_o/V	U_A/V	U_B/V	V1	V2	U_o/V
0	0				0	0			
0	3				0	3			
3	0				3	0			
3	3				3	3			

5. 某电路如图 1–5a 所示，已知输入电压为正弦波，设二极管为理想元件，试画出输出电压 u_o 的波形。

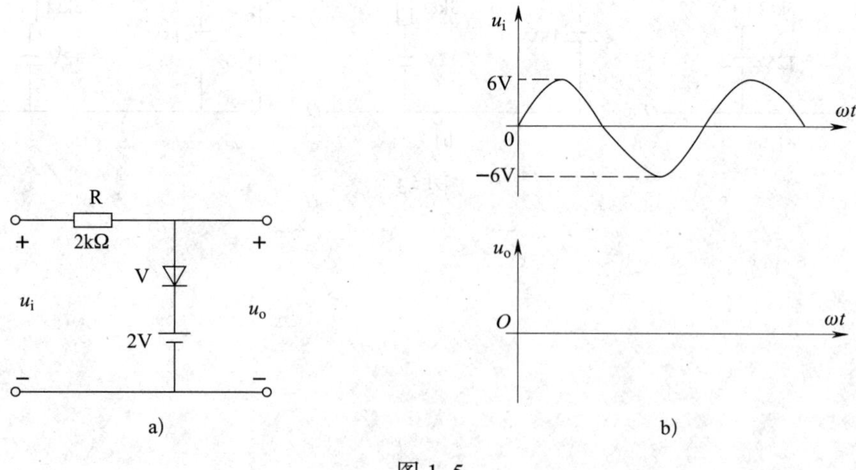

图 1–5

6. 写出下列二极管型号所表示的含义。

2CZ83：________________________________

2CW55：________________________________

2DK14：________________________________

7. 查阅相关资料，写出表 1–2 中所列二极管的主要参数。

表 1–2

序号	型号	所用材料	I_F/mA	U_{RM}/V	I_R/μA
1	2AP9				
2	1N4148				
3	2CZ56A				

8. 测量电流时，为保护线圈式电表的表头不致因接错直流电源极性或通过电流过大而损坏，常在表头处串联或并联一个二极管，如图 1–6 所示。试分别说明为什么这两种接法的二极管都能对表头起保护作用。

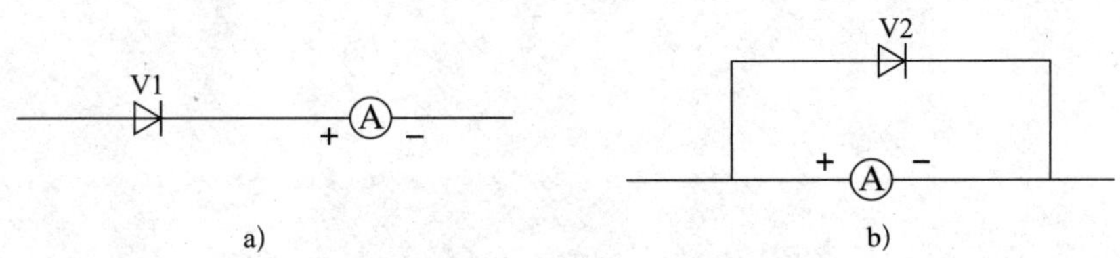

图 1–6

9. 试说明图 1–7 所示电路中的二极管分别起什么作用。图中 KA1、KA2 为继电器。

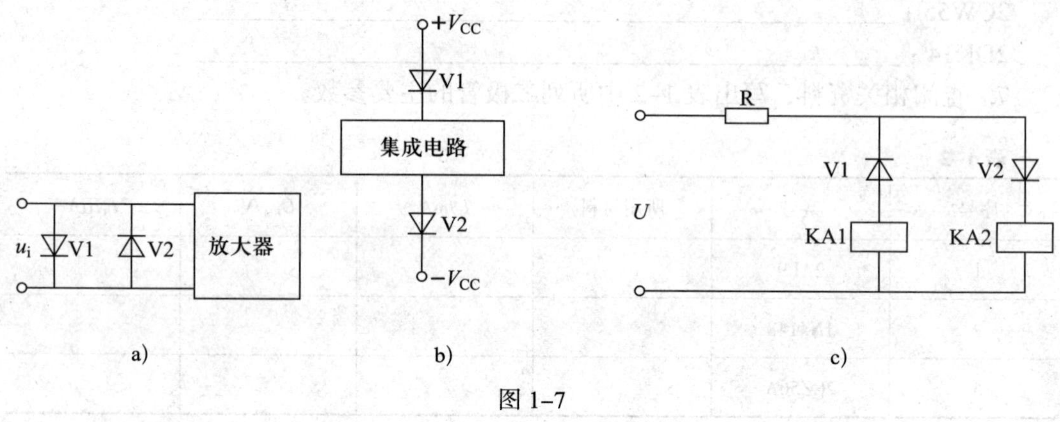

图 1–7

第二章　半导体三极管及放大电路

§2-1　半导体三极管

一、填空题（将正确的答案填写在横线上）

1. 三极管有两个PN结，即________结和________结；有三个电极，即________极、________极和________极，分别用符号______、______和______，或______、______和______表示。

2. 三极管有________型和________型两种，前者的图形符号是________，后者的图形符号是______。

3. 某三极管的U_{CE}不变，基极电流$I_B = 30\ \mu A$时，集电极电流$I_C = 1.2\ mA$，则发射极电流I_E=________mA；如果基极电流I_B增大到50 μA时，集电极电流I_C增加到2 mA，则发射极电流I_E=________mA，三极管的电流放大系数β=________。

4. 三极管基极电流I_B的微小变化，将会引起集电极电流I_C的较大变化，这说明三极管具有________作用。

5. 当U_{CE}不变时，________和________之间的关系曲线称为三极管的输入特性曲线。

6. 硅三极管发射结的死区电压约为______V，锗三极管的死区电压约为______V。三极管处在正常放大状态时，硅管的导通电压约为______V，锗管的导通电压约为______V。

7. 三极管工作在放大状态时，其______结必反偏，______结必正偏。集电极电流与基极电流的关系是________，其中________最大，________最小。由于I_B的数值远远小于I_C，如忽略I_B，则I_C____I_E。

8. 三极管的发射结________，集电结________时，三极管工作在放大区；发射结______，集电结______或______时，三极管工作在饱和区；发射结______或______，集电结________时，三极管工作在截止区。

9. 三极管放大的实质是________，即________________。

10. 三极管工作在饱和区时，I_C决定于________，而与________无关，这时三极管________（有，无）电流放大作用。

11. 三极管的输出特性曲线分为________、放大、________三个区，工作在放大区时必须使三极管的________结保持正向偏置，________结保持反向偏置。

12. 三极管有________、________和________三种工作状态。

13. 当温度升高时，三极管的 β 将________，反向饱和电流 I_{CEO}________，正向结压降 U_{BE}________，三极管的输入特性曲线将________。

14. 三极管的 I_{CBO} 是指________极开路的情况下，________与 ________之间的电流。

15. 选择三极管时，电流放大系数应恰当，电流放大系数太小，电流放大作用________；电流放大系数太大，会使三极管的性能________。

16. 工作在放大状态的三极管可作为________器件，工作在截止和饱和状态的三极管可作为________器件。

17. 三极管的极限参数分别是________、________和________。

18. 3DG56 是________ 材料____________ 型____________ 三 极 管，3AD30C 是________材料________型____________三极管。

19. 场效应管具有输入电阻很______、抗干扰能力______等特点。

二、判断题（正确的在括号内打“√”，错误的在括号内打“×”）

1. 三极管有两个 PN 结，因此它具有单向导电性。（ ）

2. 三极管由两个 PN 结组成，所以可以用两只二极管组合成三极管。（ ）

3. 三极管的发射区和集电区是由同一类半导体材料（N 型或 P 型）构成的，所以集电极和发射极可以互换使用。（ ）

4. 发射结正向偏置的三极管一定工作在放大状态。（ ）

5. 发射结反向偏置的三极管一定工作在截止状态。（ ）

6. 测得正常放大电路中，三极管的三个管脚电位分别是 –9 V、–6 V 和 –6.3 V，则该三极管是 PNP 型锗管。（ ）

7. 某三极管的 $I_B = 10\ \mu A$ 时，$I_C = 0.44$ mA；当 $I_B = 20\ \mu A$ 时，$I_C = 0.89$ mA，则它的电流放大系数为 45。（ ）

8. 三极管是电压放大器件。（ ）

9. 三极管的输入特性曲线与二极管的正向特性曲线相似。（ ）

10. 只有不超过三极管的任何一个极限参数，三极管工作时才不会损坏。（ ）

11. 选择三极管时，只要考虑其 $P_{CM}<I_C U_{CE}$ 即可。（ ）

12. 3DA1 型三极管是硅材料高频大功率三极管。（ ）

13. 当三极管的集电极电流大于它的最大允许电流 I_{CM} 时，该三极管必被击穿。（ ）

14. 双极型三极管和场效应管都是利用输入电流的变化控制输出电流的变化而起到放大作用的。（ ）

三、选择题（将正确答案的序号填入括号中）

1. 三极管按内部结构不同，可分为（ ）。

A. NPN 型管和 PNP 型管　　B. 放大管和开关管

C. 硅管和锗管　　D. 小功率管和大功率管

2. 三极管按用途不同，可分为（ ）。

A. NPN 型管和 PNP 型管　　B. 放大管和开关管

C. 硅管和锗管　　D. 小功率管和大功率管

3. 关于三极管，下列说法中错误的是（　　）。

A. 有 NPN 型和 PNP 型两种　　B. 有电流放大能力

C. 发射极和集电极不能互换使用　　D. 等于两只二极管的简单组合

4. 三极管放大的实质就是（　　）。

A. 将小能量放大成大能量　　B. 将低电压放大成高电压

C. 将小电流放大成大电流　　D. 用较小的电流控制较大的电流

5. 在一块正常放大的电路板上，测得三极管 1、2、3 脚的对地电位分别为 –10 V、–10.3 V、–14 V，则下列说法中不符合该三极管的是（　　）。

A. PNP 型三极管　　B. 硅三极管

C. 1 脚是发射极　　D. 2 脚是基极

6. 在三极管放大电路中，三极管各极电位最高的是（　　）。

A. NPN 型管的集电极　　B. PNP 型管的集电极

C. NPN 型管的发射极　　D. PNP 型管的基极

7. 三极管的工作状态有三种，即（　　）。

A. 截止状态、饱和状态和开关状态

B. 饱和状态、导通状态和放大状态

C. 放大状态、截止状态和饱和状态

D. 开路状态、开关状态和放大状态

8. 下列三极管中，工作于饱和状态的是（　　）。

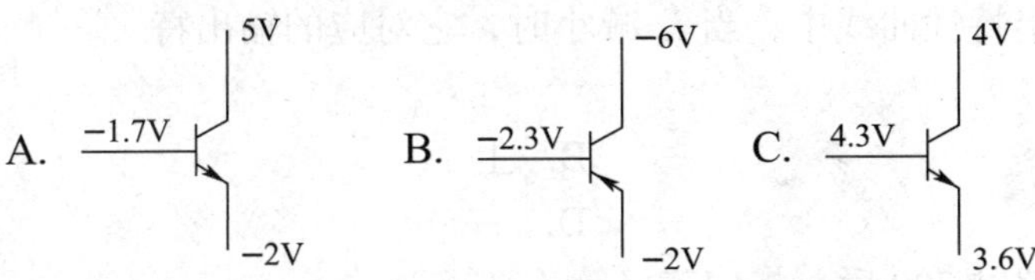

9. 满足 $I_C = \beta I_B$ 的关系时，三极管工作在（　　）区。

A. 饱和　　B. 放大　　C. 截止　　D . 击穿

10. 三极管处于饱和状态时，它的集电极电流将（　　）。

A. 随基极电流的增大而增大

B. 随基极电流的增大而减小

C. 与基极电流变化无关，只取决于 V_{CC} 和 R_C

D. 与基极电流变化有关

11. 三极管输出特性曲线中，当 $I_B = 0$ 时，I_C 等于（　　）。

A. I_{CM}　　B. I_{CBO}　　C. I_{CEO}

12. 三极管是一种（　　）型半导体器件。

A. 电压控制　　B. 电流控制

C. 既是电压又是电流控制　　D. 功率控制

13. 三极管的（　　）作用是三极管最基本和最重要的特性。

A. 电流放大　　B. 电压放大

C. 功率放大　　D. 电压放大和电流放大

14. NPN 型三极管处于放大状态时，各极的电位关系是（　　）。

A. $V_C>V_E>V_B$　　B. $V_C>V_B>V_E$

C. $V_C<V_B<V_E$　　D. $V_C<V_E<V_B$

15. 三极管的伏安特性是指它的（　　）。

A. 输入特性　　B. 输出特性

C. 输入特性和输出特性　　D. 正向特性

16. 三极管的输出特性曲线是一簇曲线，每一条曲线都与（　　）对应。

A. I_C　　B. U_{CE}　　C. I_B　　D. I_E

17. 三极管的输入特性曲线（　　）。

A. 呈线性　　B. 呈非线性

C. 开始时是线性，后来是非线性　　D. 开始时是非线性，后来是线性

18. 图 2–1 所示电路中，电源电压为 9 V，三极管 C、E 两极间电压为 4 V，E 极对地电位为 1 V，说明该三极管处于（　　）状态。

A. 放大　　B. 截止

C. 饱和　　D. 短路

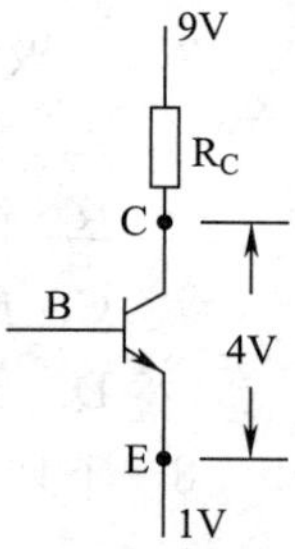

图 2–1

19. 有一处于放大状态的三极管，用直流电压表测得其各管脚的对地电位分别为 –6 V、–2.1 V 和 –2.4 V，由此可判断该管是（　　）。

A. PNP 型锗管　　B. PNP 型硅管

C. NPN 型锗管　　D. NPN 型硅管

20. 在三极管的输出特性曲线中，当 I_B 减小时，它对应的输出特性曲线向（　　）平移。

A. 下　　B. 上

C. 左　　D. 右

21. 三极管的 β 值超过 200 后，将使三极管（　　）。

A. 放大作用急剧增强　　B. 工作性能不稳定

C. 放大作用急剧减弱　　D. 工作性能更稳定

22. 有四只三极管，除 β 和 I_{CEO} 不同外，其他参数均一样，用作放大器件时应选用（　　）。

A. $\beta=50$，$I_{CEO}=0.5$ mA

B. $\beta=140$，$I_{CEO}=2.5$ mA

C. $\beta=10$，$I_{CEO}=0.5$ mA

D. $\beta=50$，$I_{CEO}=1.5$ mA

23. 某三极管的 P_{CM}=100 mW，I_{CM}=20 mA，$U_{BR(CEO)}$=30 V，如果将它接在 I_C=15 mA，U_{CE}= 20 V 的电路中，则该管（　　）。

A. 会被击穿

B. 工作正常

C. 会因功耗太大而过热甚至烧坏

D. 会截止

24. 用万用表测得某三极管各电极对地的电位为（基极 1.5V，集电极 7V，发射极 2V），则该三极管处于（　　）状态。

A. 饱和　　B. 截止

C. 放大　　D. 以上都不是

25. 接在放大电路中的某三极管工作正常，若测得 $U_{BE}=-0.3$ V，则此管的类型为（　　）。

A. PNP 型锗管　　B. NPN 型锗管

C. PNP 型硅管　　D. NPN 型硅管

26. 工作在放大区的某三极管，如果当 I_B 从 12 μA 增大到 22 μA 时，I_C 从 1 mA 变为 2 mA，那么它的 β 约为（　　）。

A. 83　　B. 91　　C. 100　　D. 95

27. 三极管的穿透电流 I_{CEO} 大，说明其（　　）。

A. 工作电流大　　B. 击穿电压高

C. 使用寿命长　　D. 热稳定性差

28. 当超过三极管的（　　）参数时，三极管一定被击穿。

A. 集电极最大允许耗散功率 P_{CM}

B. 集电极最大允许电流 I_{CM}

C. 集—射极间反向击穿电压 $U_{(BR)CEO}$

D. 以上任一个参数

29. 下列选项中，符合 3DG6 型三极管特性的是（　　）。

A. NPN 型管　　B. 锗管　　C. 低频管　　D. 大功率管

30. 锗低频小功率三极管的型号为（　　）。

A. 3ZC　　B. 3AD　　C. 3AX　　D. 3DD

31. 用数字式万用表测量一只正常的三极管，若用红表笔接触一个管脚，黑表笔分别接触另外两个管脚时，仪表都显示“1”；而调换红、黑表笔位置再次测量时，仪表都显示“0”，则该三极管是（　　）。

A. PNP 型　　B. NPN 型

C. 锗管　　D. 无法确定

32. 用指针式万用表 R × 1 k 电阻挡判断三极管管脚极性，若将黑表笔接触某一管脚，红表笔分别接触另两管脚时，测得的均为低阻值，则黑表笔接触的是（　　），且该三极管为（　　）型。

A. 基极　NPN　　B. 发射极　NPN

C. 基极　PNP　　D. 发射极　PNP

33. 场效应管本质上是一个（　　）器件。

A. 电流控制电流源　　B. 电流控制电压源

C. 电压控制电流源　　D. 电压控制电压源

四、综合题

1. 三极管的主要功能是什么？三极管放大的外部条件是什么？

2. 现测得放大电路中三极管两个电极的电流如图 2–2 所示。试分别求另一电极的电流，标出其实际方向，在圆圈中画出三极管的图形符号并标出电极的文字符号。

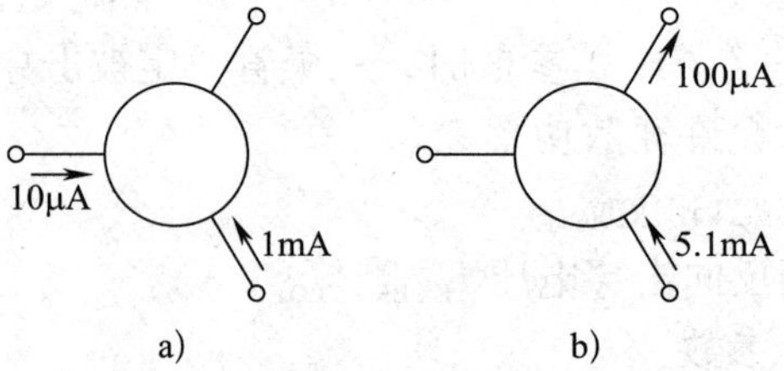

10μA　1mA　　100μA　5.1mA

a)　　b)

图 2–2

3. 根据图 2–3 所示的各三极管对地电位数据分析各管分别处于何种工作状态。

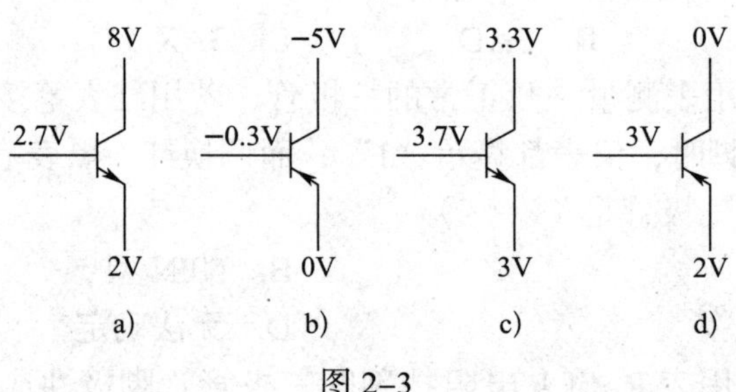

图 2–3

4. 三极管各电极的实测数据如图 2–4 所示，试回答以下问题：

（1）各三极管是 PNP 型还是 NPN 型？

（2）各三极管是锗管还是硅管？

（3）三极管是否损坏（指出哪个结已开路或短路）？若未损坏，则其处于放大、饱和、截止中的哪一种工作状态？

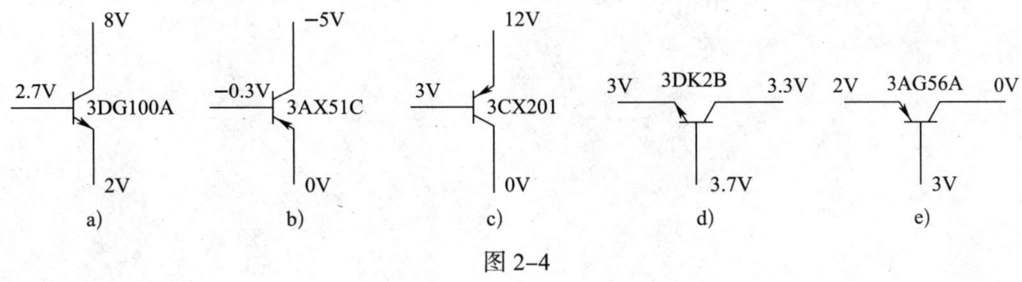

图 2–4

5. 若测得放大电路中三极管三个管脚的对地电位 V_1、V_2、V_3 分别如下所列，试判断它们是硅管还是锗管，是 NPN 型还是 PNP 型，并确定三个电极。

（1）V_1 = 2.5 V，V_2 = 6 V，V_3 = 1.8 V。

（2）V_1 = 2.5 V，V_2 = −6 V，V_3 = 1.8 V。

（3）V_1 = −6 V，V_2 = −3 V，V_3 = −2.8 V。

（4）V_1 = −4.7 V，V_2 = −5 V，V_3 = 0 V。

6. 已知某三极管 $P_{CM}=100$ mW，$I_{CM}=20$ mA，$U_{(BR)CEO}=15$ V，则下列几种情况下，哪种情况能正常工作？哪种情况不能正常工作？为什么？

（1）$U_{CE}=3$ V，$I_C=10$ mA。

（2）$U_{CE}=2$ V，$I_C=40$ mA。

（3）$U_{CE}=10$ V，$I_C=18$ mA。

（4）$U_{CE}=20$ V，$I_C=10$ mA。

§2-2 共射极基本放大电路

一、填空题（将正确的答案填写在横线上）

1. 放大电路按三极管连接方式不同，可分为_________、_________和_________电路。

2. 放大电路按放大信号的频率分，有__________、___________和___________等。

3. 放大电路中三极管的静态工作点是指__________、__________和__________。

4. 放大电路设置静态工作点的目的是______________________________。

5. 放大电路工作在动态时，u_{CE}、i_B、i_C 都是由__________分量和__________分量两部分组成的。

6. 在共射极放大电路中，输出电压 u_o 和输入电压 u_i 相位__________。

7. 为防止失真，放大电路发射结电压直流分量 U_{BE} 应比输入信号峰值 U_{im}______，并且要大于发射结的___________。

8. 画放大电路的直流通路时，把________看成开路；画放大电路的交流通路时，把________和___________看成短路。

9. 利用________通路可估算放大电路的静态工作点，利用________通路的等效电路可以近似估算放大电路的输入电阻、输出电阻和电压放大倍数。

10. 从放大电路输入端看进去的等效电阻称为放大电路的__________，近似等于________；从放大电路输出端看进去的等效电阻称为放大电路的__________，近似等于________。

11. 小功率三极管的输入电阻 r_{be} =__________（经验公式）。

12. 对于一个放大电路来说，一般希望其输入电阻______一些，以减轻信号源的负担；输出电阻______一些，以增大带负载的能力。

13. 放大电路的图解分析法，就是利用三极管的__________和__________，通过______方法来分析放大电路的工作情况。

14. 放大电路中，静态工作点设置得太高，会使 i_C 的__________半周和 u_{CE} 的________半周失真，称为__________失真；静态工作点设置得太低，会使 i_C 的______半周和 u_{CE} 的________半周失真，称为________失真。基本放大电路中，常通过调整_______来消除失真。

15. 放大电路产生非线性失真的根本原因是______________。

16. 如果二极管放大电路中 R_C 减小，其他条件不变，则二极管负载线会变________。

17. 利用图解法确定静态工作点时，首先要画出________负载线，分析波形失真应根据________负载线。

18. 放大电路的分析方法有定性和定量之分，而定量分析中常用的两种方法是____________和____________。

19. 在放大电路中，负载电阻 R_L 越大，则其电压放大倍数_______。

20. 在共发射极放大电路中，增大基极电阻 R_B，其他参数不变，则偏流_______减小，静态工作点向________移动；Q 点过高易产生________失真，Q 点过低易产生________失真。

二、判断题（正确的在括号内打“√”，错误的在括号内打“×”）

1. 放大电路的静态是指未加交流信号以前的起始状态。（ ）

2. 放大电路不设置静态工作点时，由于三极管的发射结有死区和三极管输入特性曲线的非线性，放大电路会产生失真。（ ）

3. 放大电路带上负载后，放大倍数和输出电压都会上升。（ ）

4. 在共射极基本放大电路中，R_B 的作用：一是提供合适的直流电压；二是通过它将集电极电流的变化量转化为电压的变化量，以实现电压放大。（ ）

5. 在共射极放大电路中，输出电压与输入电压同相。（ ）

6. 变压器也能把电压升高，所以变压器也是放大器。（ ）

7. 放大器必须对信号有功率放大作用，否则不能称为放大器。（ ）

8. 信号源和负载不是放大电路的组成部分，但它们对放大电路有影响。（ ）

9. 放大电路工作时，电路中同时存在直流和交流分量。（ ）

10. 画三极管放大电路的直流通路时，应把电容视为短路；画交流通路时，应把

电容和电源视为开路。（　　）

11. 放大电路的输出端不接负载时，放大电路的交流负载线和直流负载线相重合。（　　）

12. 对放大电路而言，一般都希望输入电阻小，输出电阻大。（　　）

13. 放大电路的交流负载线比直流负载线陡。（　　）

14. 要使放大电路不产生非线性失真，其静态工作点 Q 应大致选在直流负载线的中点。（　　）

15. 在共发射极放大电路中（NPN 管），若 Q 点设置偏高，易产生饱和失真，输出电压的正半周会出现平顶失真。（　　）

16. 放大电路静态工作点过高时，在 V_{CC} 和 R_C 不变的情况下，可增大基极电阻 R_B。（　　）

17. 放大电路的输出信号产生非线性失真是由于电路中三极管的非线性引起的。（　　）

三、选择题（将正确答案的序号填入括号中）

1. 用三极管构成放大电路时，根据公共端的不同，可有（　　）种连接方式。

A. 1　　B. 2　　C. 3　　D. 4

2. 放大电路的静态工作点是指输入信号为（　　）时三极管的工作点。

A. 零　　B. 正　　C. 负　　D. 很小

3. 下列参数中，（　　）不是表征放大电路静态工作点的主要参数。

A. I_{BQ}　　B. I_{EQ}　　C. U_{CEQ}　　D. I_{CQ}

4. 设置静态工作点的目的是（　　）。

A. 使放大电路工作在线性放大状态

B. 使放大电路工作在非线性放大状态

C. 尽量提高放大电路的放大倍数

D. 尽量提高放大电路工作的稳定性

5. 低频放大电路放大的对象是电压、电流的（　　）。

A. 稳定值　　B. 变化量　　C. 平均值　　D. 直流量

6. 放大电路工作在动态时，为避免失真，发射结电压直流分量和交流分量的大小关系通常为（　　）。

A. 直流分量大　　B. 交流分量大

C. 直流分量和交流分量相等　　D. 以上均可

7. 在共射极低频电压放大电路中，输出电压应视为（　　）。

A. $u_o = i_c R_C$　　B. $u_o = -\beta i_B R_C$　　C. $u_o = -i_C R'_L$　　D. $u_o = i_C R_C$

8. 放大电路输出信号的能量来源是（　　）。

A. 电源　　B. 三极管　　C. 输入信号　　D. 均有作用

9. 在单管共射极放大电路中，关于其输出电压 u_o 与输入电压 u_i 的描述，错误的是（　　）。

A. 频率相同　　B. 波形相似

C. 幅度相同　　D. 相位相反

10. 放大电路的交流通路是指（　　）。

A. 电压回路　　B. 电流通过的路径

C. 交流信号流通的路径　　D. 直流信号流通的路径

11. 一般要求放大电路的（　　）。

A. 输入电阻大，输出电阻大　　B. 输入电阻小，输出电阻大

C. 输入电阻大，输出电阻小　　D. 输入电阻小，输出电阻小

12. 放大电路的电压放大倍数在（　　）时增大。

A. 负载增加　　B. 负载减小

C. 负载不变　　D. 电压升高

13. 某放大电路的电压放大倍数为 $A_u=-100$，其负号表示（　　）。

A. 衰减

B. 输出信号与输入信号的相位相同

C. 放大

D. 输出信号与输入信号的相位相反

14. 放大电路的直流负载线是指（　　）条件下的负载线。

A. $R_L=R_C$　　B. $R_L=0$　　C. $R_L=\infty$　　D. $R_L=R_B$

15. 放大电路设置合适的静态工作点后，如加入交流信号，这时工作点将（　　）。

A. 沿直流负载线移动　　B. 沿交流负载线移动

C. 不移动　　D. 沿坐标轴上下移动

16. 在共射极放大电路的输入端加入一正弦波信号，这时基极电流的波形为（　　）。

A. 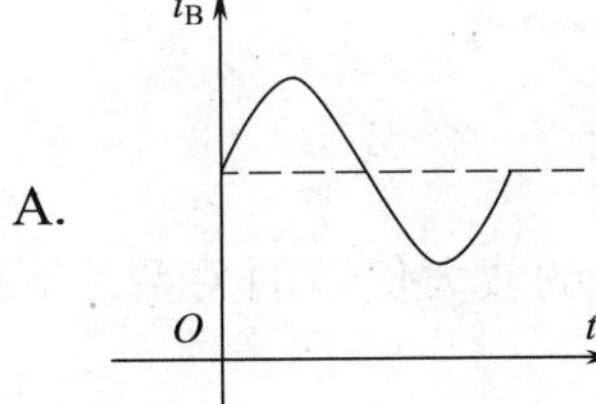

B. 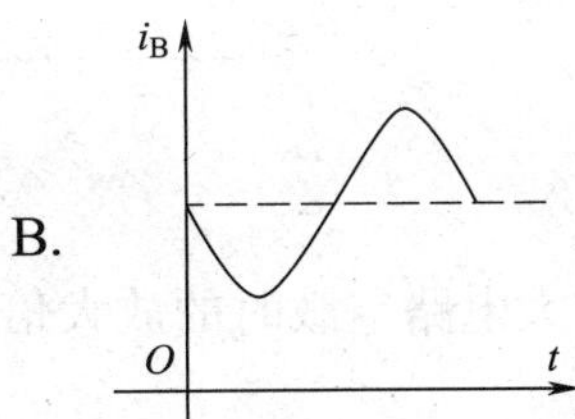

C. 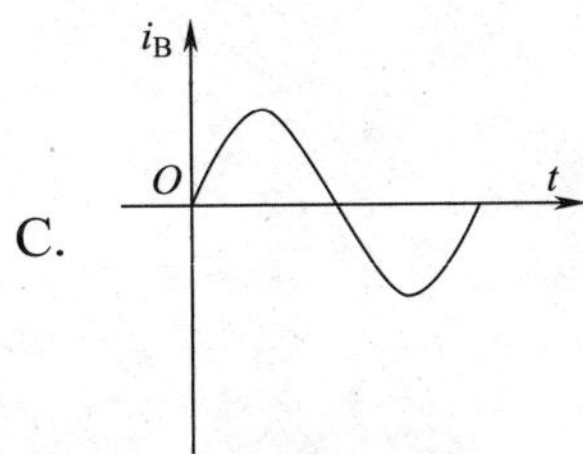

17. 对放大电路的要求为（　　）。

A. 只需放大倍数很大

B. 只需放大交流信号

C. 放大倍数要大，且失真要小

D. 只需放大直流信号

18. 下列有关放大电路的说法，错误的是（　　）。

A. 放大电路的放大本质是能量控制作用

B. 放大电路不加直流电源，也能在输出端得到较大能量

C. 放大电路负载上信号变化的规律由输入信号决定

D. 放大电路负载上得到比输入大得多的能量是由直流电源提供的

19. 判断一个放大电路能否正常放大的主要依据是（　　）。

A. 有无合适的静态工作点，三极管是否工作在放大区，是否满足 $V_C>V_B>V_E$

B. 交流信号是否畅通传送及放大

C. 三极管是否工作在放大区和交流信号是否畅通传送及放大

D. 与三极管工作在哪个区无关

20. 如图 2–5 所示电路不能正常放大交流信号的原因是（　　）。

A. 发射结不能正偏

B. 集电结不能反偏

C. 输出无电阻 R_C，u_o 交流对地短路

D. V_{CC} 极性接反

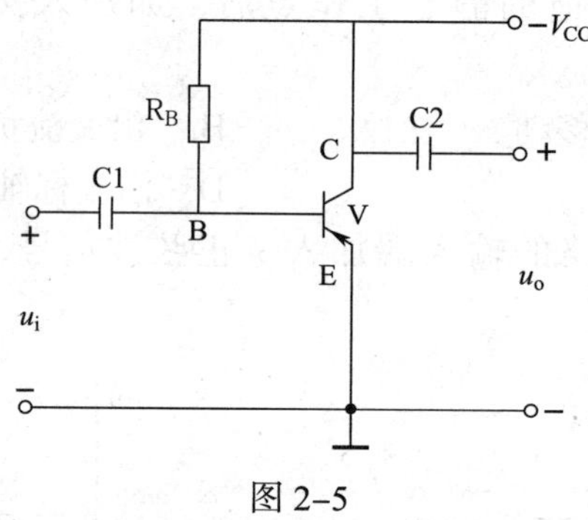

图 2–5

21. 关于放大电路空载时的放大倍数与带负载时的放大倍数的关系，下列说法正确的是（　　）。

A. 空载时放大倍数大些

B. 带负载时放大倍数大些

C. 空载与带负载时的放大倍数一样大

D. 空载时放大倍数为 0

22. 在共射极基本放大电路中，R_C 的作用是（　　）。

A. 作为三极管集电极的负载电阻

B. 使三极管工作在放大状态

C. 减小放大电路的失真

D. 把三极管电流放大作用转变为电压放大作用

23. 在放大电路中，当集电极电流增大时，将使三极管（　　）。

A. 集电极电压 U_{CE} 上升

B. 集电极电压 U_{CE} 下降

C. 基极电流不变

D. 基极电流也随着增大

24. 在放大电路中，若其他条件不变，当电源电压增大时，直流负载线的斜率（　　）。

A. 增大　　　　B. 减小

C. 不变　　　　D. 为零

25. 下列电路中，能正常调整静态工作点的是（　　）。

A.

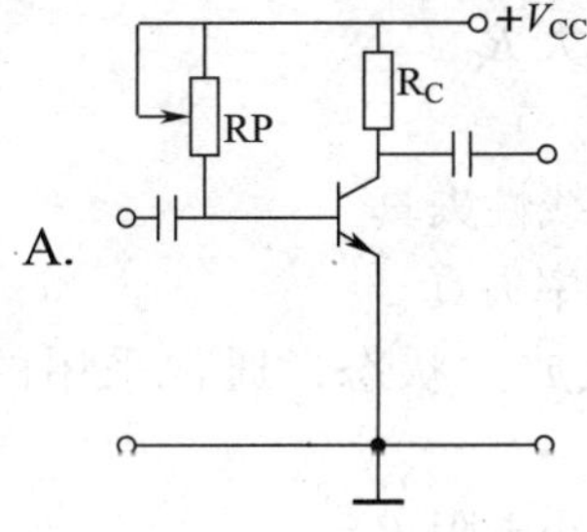

B.

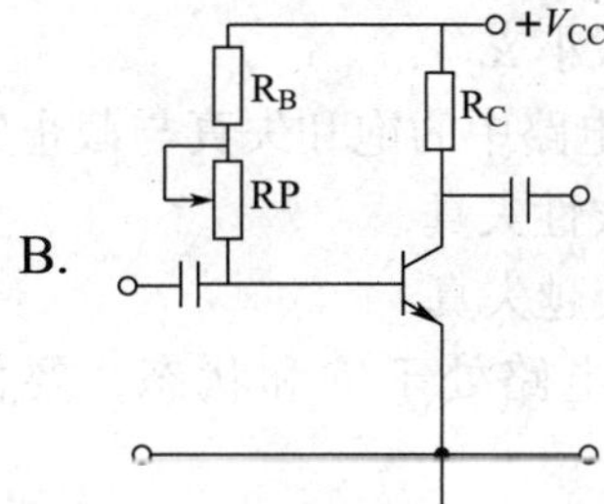

C.

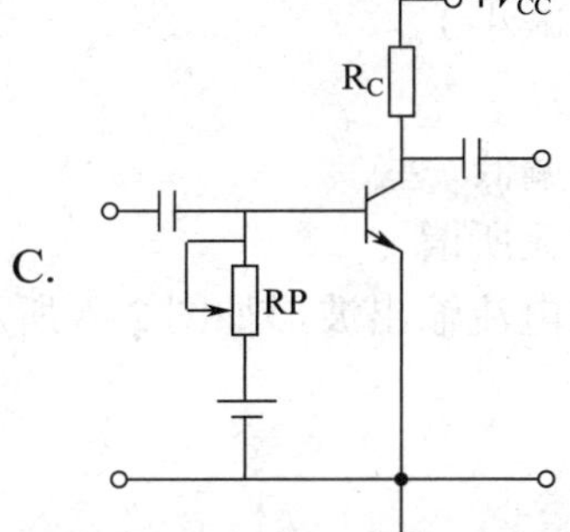

26. 放大倍数是衡量（　　）的指标。

A. 放大电路对信号源影响程度　　　　B. 放大电路带负载能力

C. 放大电路放大信号能力　　　　D. 电流放大能力

27. 对放大电路的负载来说，放大电路相当于（　　）。

A. 一理想电压源　　　　B. 一带内阻的电压源

C. 一理想电流源　　　　D. 电源

28. 给某共射极放大电路输入 1 kH、10 mV 正弦信号时，$A_u = -50$。此时，若输入 1 kH、20 mV 正弦信号，则（　　）。

A. A_u 不变，仍为 −50

B. 输出信号不失真时，$A_u = -100$

C. 输出信号不失真时，$A_u = -50$

D. $A_u = -150$

29. 在放大电路中，如果其他条件不变，减小 R_B 时，静态工作点 Q 会沿负载线（　　）。

A. 上移　　B. 下移

C. 右移　　D. 左移

30. 共射极基本放大电路中，当输入信号为正弦电压时，输出电压波形的正半周出现平顶失真，则这种失真为（　　）。

A. 截止失真　　B. 饱和失真

C. 非线性失真　　D. 频率失真

31. 共射极基本放大电路中，当输入信号为正弦电压时，输出电压波形的正半周出现失真，应采取（　　）的措施。

A. 减小 R_B　　B. 增大 R_B

C. 减小 R_C　　D. 增大 R_C

32. 放大电路中的饱和失真与截止失真称为（　　）。

A. 线性失真　　B. 非线性失真

C. 交越失真　　D. 频率失真

33. 已知电路处于饱和状态，要使电路恢复成放大状态，通常采用的方法是（　　）。

A. 增大电阻 R_B　　B. 减小电阻 R_B

C. 保持电阻 R_B 不变　　D. 减小 V_{CC}

34. 在交流放大电路中，静态工作点应（　　）。

A. 偏高一些　　B. 偏低一些

C. 不高不低　　D. 无所谓

35. 某放大电路的输入为正弦波信号，集电极电流输出波形如图 2-6 所示，则这种情况为（　　）。

A. 饱和失真

B. 截止失真

C. 正常放大

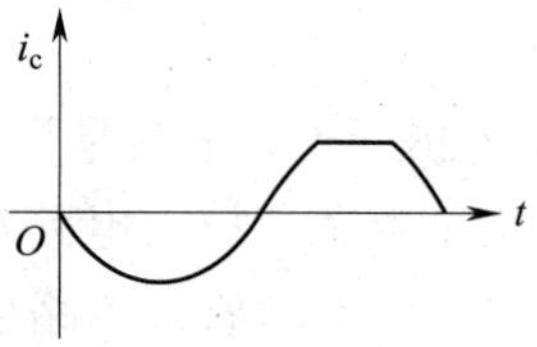

i_c　O　t

图 2-6

36. 固定偏置共射极放大电路中，已知 R_B=300 kΩ，R_C=4 kΩ，V_{CC}= 12 V，β= 50，则 I_{BQ} 为（　　）。

A. 40 μA　　B. 30 μA

C. 40 mA　　D. 10 μA

37. 基极电流 I_B 的数值较大时，易引起静态工作点 Q 接近（　　）。

A. 截止区　　B. 饱和区

C. 死区　　D. 交越失真

四、综合题

1. 一个共射极基本放大电路由哪几部分组成？各元件分别起什么作用？

2. 判断图 2-7 所示电路有无正常的电压放大作用。

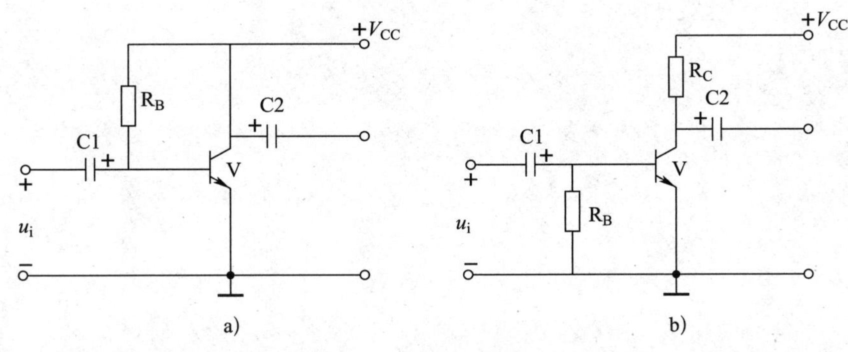

图 2-7

3. 画出图 2–8 中各电路的直流通路和交流通路。

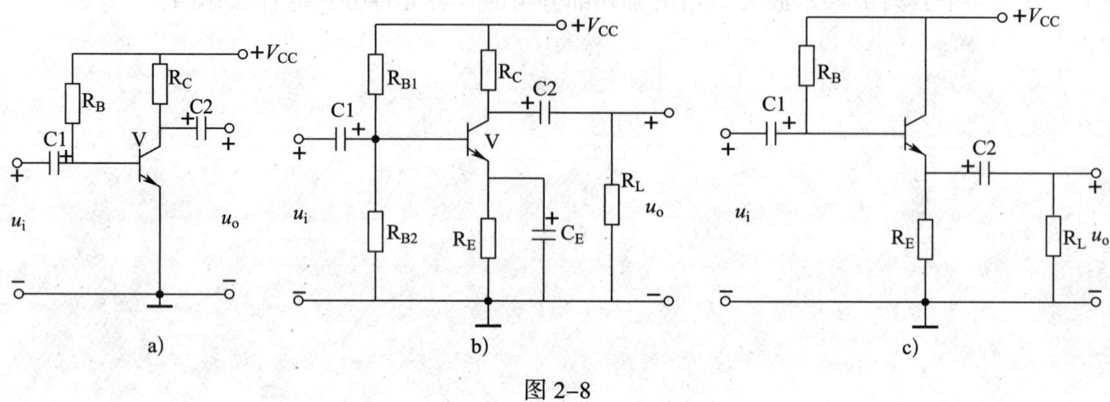

图 2–8

4. 图 2–9 所示为共射极基本放大电路，若 $V_{CC}=12$ V，$R_C=3$ kΩ，U_{BE} 忽略不计，则：

（1）当 $R_B=400$ kΩ，$\beta=50$ 时，静态工作点 I_{BQ}、I_{CQ}、U_{CEQ} 的值分别为多少？

（2）要把 U_{CEQ} 调到 2.4 V，R_B 的阻值应调到多大？

（3）要把 I_{CQ} 调到 1.6 mA，R_B 的阻值应调到多大？

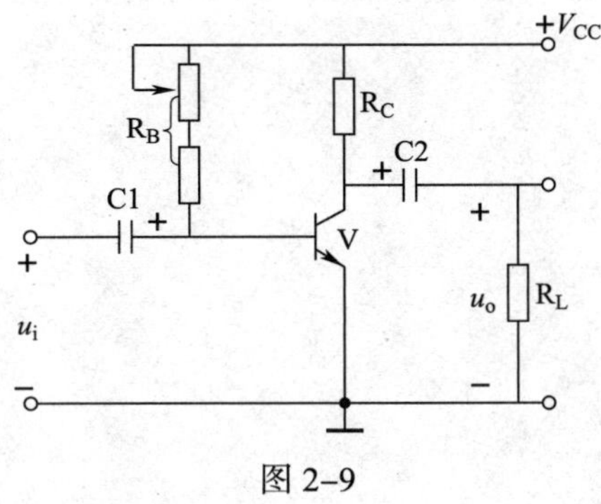

图 2–9

5. 若图 2–9 所示放大电路中，$V_{CC}=15\ V$，$R_B=300\ k\Omega$，$R_C=3\ k\Omega$，$R_L=6\ k\Omega$，三极管的 $\beta=50$，则：

（1）该放大电路的输入电阻、输出电阻分别为多少？

（2）放大电路空载和带载时的电压放大倍数分别为多少？

6. 若图 2–9 所示放大电路中，$V_{CC}=12\ V$，$R_B=400\ k\Omega$，$R_C=4\ k\Omega$，三极管的 $\beta=40$，则：

（1）静态工作点 I_{BQ}、I_{CQ}、U_{CEQ} 的值（U_{BE} 忽略不计）分别为多少？

（2）将原三极管换成 $\beta=90$ 的另一只同类型三极管后，电路能否正常工作？

7. 单管放大电路与三极管输出特性曲线如图 2–10 所示。已知 V_{CC} = 12 V，R_B = 200 kΩ，R_C = 4 kΩ，试完成下列题目：

（1）在输出特性曲线上作出直流负载线，并确定静态工作点。

（2）当 R_C 由 4 kΩ 增大到 6 kΩ 时，静态工作点将移至何处？

（3）当 R_B 由 200 kΩ 变为 100 kΩ 时，静态工作点将移至何处？

（4）当电源电压 V_{CC} 由 12 V 变为 6 V 时，静态工作点将移至何处？

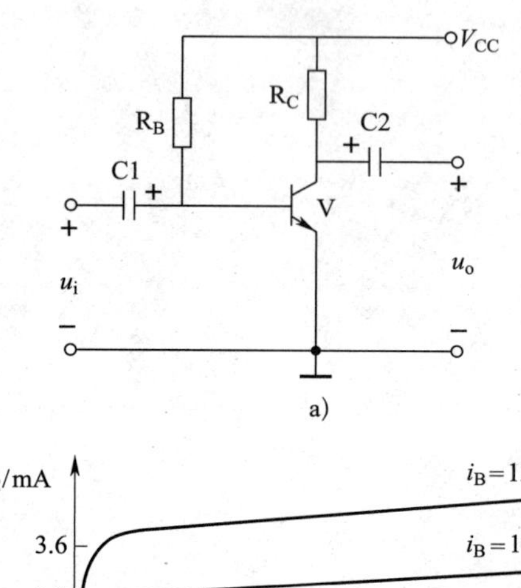

a)

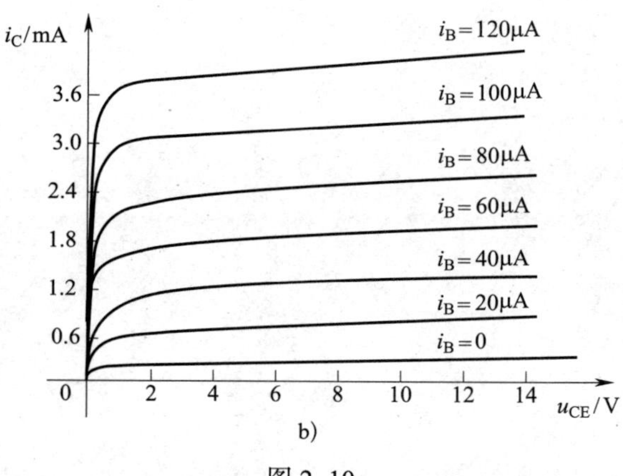

b)

图 2–10

8. 在共射极基本放大电路中，设某一参数变化时其余参数不变，试判断放大电路静态工作点、放大倍数及输入输出电阻的变化情况，并在表 2–1 中填入增大、减小或基本不变。

表 2–1

参数变化	I_{BQ}	U_{CEQ}	$\|A_u\|$	r_i	r_o
R_B增大					
R_C增大					
R_L增大					

§2–3 分压式射极偏置电路

一、填空题（将正确的答案填写在横线上）

1. 影响放大电路静态工作点稳定性的因素有________的波动、__________因老化而发生变化、________变化等，其中__________的影响最大。

2. 温度升高时，放大电路的静态工作点会上升，可能引起________失真，为使静态工作点稳定，通常采用____________________电路。

二、判断题（正确的在括号内打“√”，错误的在括号内打“×”）

1. 造成放大电路静态工作点不稳定的主要因素是电源电压的波动。（ ）
2. 固定偏置放大电路的缺点是静态工作点不稳定。（ ）
3. 放大电路的静态工作点一经设定后，不会受外界因素的影响。（ ）
4. 稳定静态工作点，主要是稳定三极管的集电极电流 I_C。（ ）
5. 实际放大电路常采用分压式射极偏置电路，这是因为它的输入阻抗大。（ ）
6. 分压式射极偏置电路中，为使工作点稳定，R_E 的值应足够小，R_{B1} 和 R_{B2} 应足够大。（ ）
7. 分压式射极偏置电路是一种能够稳定静态工作点的放大电路。（ ）

三、选择题（将正确答案的序号填入括号中）

1. 若放大电路的静态工作点设置不合适，可能会引起（ ）。
   A. 放大系数降低　　B. 饱和或截止失真
   C. 短路故障　　D. 开路故障
2. 影响放大电路静态工作点稳定性的主要因素是（ ）变化。
   A. β 值　　B. 穿透电流　　C. 温度　　D. 频率
3. 温度升高会使放大电路的 Q 点（ ），容易引起（ ）失真。
   A. 上移　饱和　　B. 下移　饱和
   C. 上移　截止　　D. 下移　截止
4. 分压式射极偏置电路中，R_E 并联交流旁路电容 C_E 后，其电压放大倍数（ ）。

A. 减小　　B. 增大　　C. 不变　　D. 变为零

5. 电路如图 2–11 所示，当室温升高时，其静态值 I_{BQ} 会（　　）。

A. 增大　　B. 减小　　C. 不变　　D. 无法确定

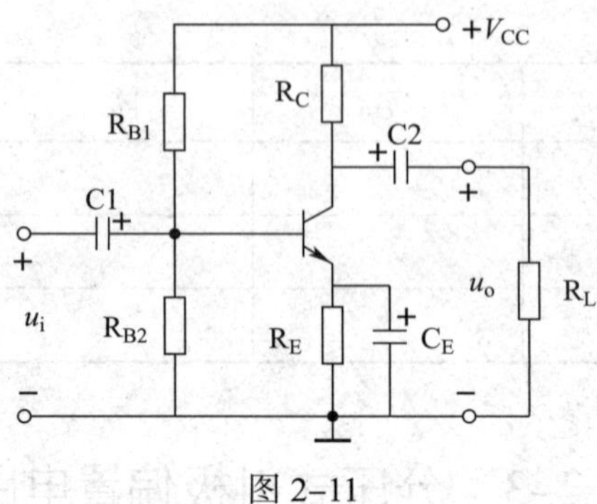

图 2–11

6. 如图 2–11 所示，若不慎将耦合电容 C2 断开，则（　　）。

A. 不影响静态工作点，只影响电压增益

B. 影响静态工作点，但不影响电压增益

C. 不仅影响静态工作点，而且也影响电压增益

D. 不影响静态工作点，也不影响电压增益

7. 如图 2–11 所示电路与共射极基本放大电路相比，能够（　　）。

A. 确保电路工作在放大区　　B. 提高电压放大倍数

C. 稳定静态工作点　　D. 提高输入电阻

8. 分压式射极偏置电路中，若换成 β 值较小的三极管，在其他参数不变的情况下，U_{CEQ} 和 I_{CQ} 将分别（　　）。

A. 增大，减小　　B. 减小，增大

C. 不变，不变　　D. 不变，增大

9. 在分压式射极偏置电路中，当环境温度升高时，通过三极管发射极电阻 R_E 的调节，会使（　　）。

A. U_{BE} ↓　　B. I_B ↓　　C. I_C ↓　　D. I_C ↑

10. 检查放大电路中三极管在静态时的工作状态（即工作区），最简便的方法是测量（　　）。

A. I_{BQ}　　B. U_{BE}　　C. I_{CQ}　　D. U_{CEQ}

四、综合题

在图 2–12 所示电路中，$R_{B1}=60\ \text{k}\Omega$，$R_{B2}=20\ \text{k}\Omega$，$R_C=3\ \text{k}\Omega$，$R_E=2\ \text{k}\Omega$，$R_L=6\ \text{k}\Omega$，$V_{CC}=16\ \text{V}$，$\beta=50$。试完成下列题目：

（1）求静态工作点。

（2）求输入电阻和输出电阻。

（3）求空载和带载两种情况下的电压放大倍数。

（4）设电路其他参数不变，则 R_{B1} 为多大时能使 $U_{CEQ}=4\ \text{V}$？

（5）若将该三极管换成一只$\beta = 30$的同类型三极管，该放大电路还能否正常工作？

（6）分析电路在环境温度升高时稳定静态工作点的过程。

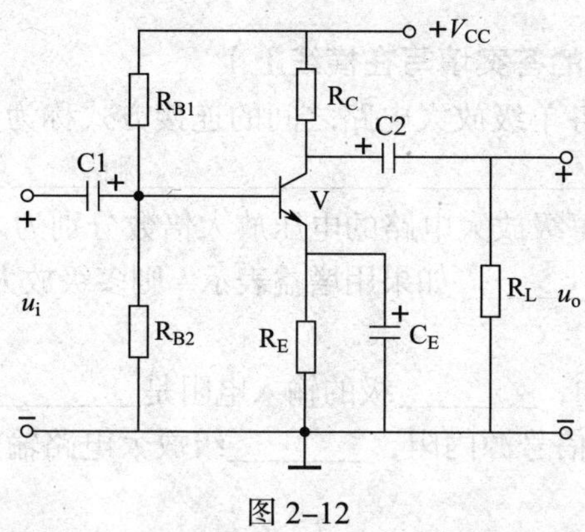

图 2–12

§2-4 多级放大电路

一、填空题（将正确的答案填写在横线上）

1. 多级放大电路中各单级放大电路之间的连接方式称为__________，常用的方式有______________、______________、______________和______________。

2. 多级放大电路中每级放大电路的电压放大倍数分别为A_{u1}、A_{u2}、…、A_{un}，则总的电压放大倍数A_u=______________。如果用增益表示，则多级放大电路的总增益G_u（dB）=______________。

3. 在多级放大电路中，________级的输入电阻是________级的负载，________级的输出电阻是________级的信号源内阻，________级放大电路输出信号是________级放大电路的输入信号。

二、判断题（正确的在括号内打“√”，错误的在括号内打“×”）

1. 采用阻容耦合的放大电路，前后级的静态工作点互相影响。（ ）
2. 采用变压器耦合的放大电路，前后级的静态工作点互不影响。（ ）
3. 采用直接耦合的放大电路，前后级的静态工作点互相牵制。（ ）
4. 分析多级放大电路时，可以把后级放大电路的输入电阻看成是前级放大电路的负载。（ ）
5. 多级放大电路总的电压放大倍数等于各级电压放大倍数之和。（ ）
6. 两个共射极放大电路空载时的电压放大倍数都是 –100，则将它们连成两级放大电路后，其电压放大倍数为 10 000。（ ）
7. 直流放大电路能够放大直流信号，不能放大交流信号。（ ）
8. 直流放大电路级间耦合常采用阻容耦合方式或变压器耦合方式。（ ）
9. 多级放大电路总的增益等于各级增益之积。（ ）

三、选择题（将正确答案的序号填入括号中）

1. 某多级放大电路由三级基本放大电路组成，已知每级电压放大倍数为A_u，则总的电压放大倍数为（ ）。

A. $3A_u$　　B. A_u^3　　C. A_u　　D. 0

2. 下列关于变压器耦合多级放大电路的说法，正确的是（ ）。

A. 可以放大直流信号　　B. 可以放大缓慢变化的信号
C. 便于集成化　　D. 各级静态工作点互不影响

3. 阻容耦合多级放大电路的输入电阻等于（ ）。

A. 第一级输入电阻　　B. 各级输入电阻之和
C. 各级输入电阻之积　　D. 末级输出电阻

4. 一个三级放大电路，工作时测得$A_{u1}=100$，$A_{u2}=-50$，$A_{u3}=1$，则总的电压放大倍数是（ ）。

A. 51　　B. 100　　C. –5 000　　D. 1

5. 下列关于阻容耦合多级放大电路的说法，正确的是（　　）。

A. 只能传递直流信号　　B. 只能传递交流信号

C. 交直流信号都能传递　　D. 交直流信号都不能传递

6. 下列关于直接耦合多级放大电路的说法，正确的是（　　）。

A. 只能传递直流信号　　B. 只能传递交流信号

C. 交直流信号都能传递　　D. 交直流信号都不能传递

7. 放大电路与负载要做到阻抗匹配，应采用（　　）。

A. 直接耦合　　B. 阻容耦合

C. 变压器耦合　　D. 光电耦合

8. 下列关于多级放大电路的说法，正确的是（　　）。

A. 既能提高电压增益，又能展宽通频带

B. 能提高放大倍数，但通频带变窄

C. 能提高放大倍数，不一定能展宽通频带

D. 能减小放大倍数，但通频带变宽

9. 下列关于阻容耦合多级放大电路的说法，正确的是（　　）。

A. 可以放大直流信号　　B. 可以放大缓慢变化的信号

C. 便于集成化　　D. 各级静态工作点互不影响

10. 能用于传递交流信号、电路结构简单的耦合方式是（　　）。

A. 阻容耦合　　B. 变压器耦合

C. 直接耦合　　D. 电感耦合

§2–5 反馈放大电路

一、填空题（将正确的答案填写在横线上）

1. 把放大电路__________的一部分或全部通过一定的电路，按照某种方式送回到________并与输入信号（电压或电流）叠加，从而改变放大电路性能的方法，称为放大电路中的________。

2. 反馈放大电路由________电路和________电路两部分组成。

3. 反馈信号在输入端是以电压形式出现，且与输入电压串联起来加到放大电路输入端的反馈称为________反馈；反馈信号在输入端是以电流形式出现，且与输入电流并联作用于放大电路输入端的反馈称为________反馈。

4. 通常采用__________法判别正反馈还是负反馈。

5. 电压负反馈的作用是________，电流负反馈的作用是________。

6. 反馈信号在输入端与信号源串联的称为______反馈，反馈信号以______形式出现；反馈信号在输入端与信号源并联的称为______反馈，反馈信号以______形式出现。

7. 在放大电路中，为了稳定静态工作点，应该引入________负反馈；为了提高电路的输入电阻，应该引入________负反馈；为了稳定输出电压，应该引入

__________负反馈。

8. 由偶数级共射极电路组成的多级放大电路中，输入和输出电压的相位__________；由奇数级共射极电路组成的多级放大电路中，输入和输出电压的相位__________。

9. 反馈信号增强原输入信号的反馈称为__________，反馈信号减弱原输入信号的反馈称为__________。

10. 同时考虑反馈网络的输入回路和输出回路，则负反馈电路可分为四种基本类型：________________、________________、________________和________________。

11. 放大电路引入交流负反馈后，电压放大倍数________（增大，减小），放大倍数的稳定性____________（增强，减弱）。

12. 放大电路中，为了稳定静态工作点，应引入________________（直流负反馈，交流负反馈）；为了稳定输出电流，应引入________________（电流负反馈，电压负反馈）；为了减小输入电阻，应引入________________（串联负反馈，并联负反馈）。

13. 要想改善电路的性能，使电路的输出电压稳定且对信号源的影响减小，应该在电路中引入________________反馈。

14. 射极输出器也称为______________，是典型的____________负反馈放大电路，它具有输入电阻__________，输出电阻__________，输入和输出电压大小__________、方向__________，电压放大倍数近似为__________等特点。

15. 共集电极放大电路在多级放大电路中具有广泛的应用，其输入电阻__________，用作__________，可减轻信号源的负担；输出电阻__________，用作__________，可提高带负载能力；用作__________，起缓冲、隔离作用。

二、判断题（正确的在括号内打“√”，错误的在括号内打“×”）

1. 反馈信号与输入信号的相位相同称为负反馈。（　　）

2. 反馈到放大电路输入端的信号极性和原来假设的输入端信号极性相同为正反馈，相反为负反馈。（　　）

3. 负反馈可以使放大倍数提高。（　　）

4. 串联反馈就是电流反馈，并联反馈就是电压反馈。（　　）

5. 若将负反馈放大电路的输出端短路，则反馈信号也一定随之消失。（　　）

6. 电压反馈送回到放大器输入端的信号是电压。（　　）

7. 电流反馈送回到放大器输入端的信号是电流。（　　）

8. 负反馈可以提高放大电路放大倍数的稳定性。（　　）

9. 负反馈可以消除放大电路的非线性失真。（　　）

10. 负反馈对放大电路的输入电阻和输出电阻都有影响。（　　）

11. 电压串联负反馈可以提高放大电路的输入电阻和电压放大倍数。（　　）

12. 负反馈能改善放大电路的性能。（　　）

13. 负反馈可以减小信号本身的固有失真。（　　）

14. 共集电极放大电路的电压放大倍数总小于 1，故不能实现功率放大。（　　）

15. 射极输出器输出信号电压 u_o 和输入信号电压 u_i 相差一个 U_{BEQ}。（　　）

16. 射极输出器输入电阻小，输出电阻大，没有放大作用。 （ ）

17. 射极输出器的电压放大倍数小于1而接近于1，所以射极输出器不是放大电路。 （ ）

18. 射极输出器输入电阻大，输出电阻小。 （ ）

三、选择题（将正确答案的序号填入括号中）

1. 对于放大电路，开环是指（ ）。

A. 无信号源　　B. 无反馈通路

C. 无电源　　D. 无负载

2. 欲使放大电路净输入信号削弱，应采取的反馈类型是（ ）。

A. 串联反馈　　B. 并联反馈

C. 正反馈　　D. 负反馈

3. 送回到放大电路输入端的信号是电流的反馈是（ ）。

A. 电流反馈　　B. 电压反馈

C. 并联反馈　　D. 串联反馈

4. 要提高放大电路的输入电阻，并使输出电压稳定，可以采用（ ）负反馈。

A. 电压串联　　B. 电压并联

C. 电流串联　　D. 电流并联

5. 下列关于放大电路采用负反馈后性能变化的说法，不正确的是（ ）。

A. 放大能力提高了　　B. 放大能力降低了

C. 通频带展宽了　　D. 非线性失真减小了

6. 下列选项中，不属于负反馈对放大电路性能影响的是（ ）。

A. 提高放大倍数的稳定性　　B. 改善非线性失真

C. 影响输入、输出电阻　　D. 使通频带变窄

7. 串联负反馈使放大电路的输入电阻（ ）。

A. 增加　　B. 不变　　C. 减小　　D. 不确定

8. 若要求放大电路取用信号源的电流小，而且带负载能力强，在放大电路中应引入的负反馈类型为（ ）负反馈。

A. 电流串联　　B. 电压串联　　C. 电流并联　　D. 电压并联

9. 可改善放大电路各种性能的是（ ）。

A. 正反馈　　B. 负反馈

C. 正反馈和负反馈　　D. 没有反馈

10. 图2-13所示电路中引入了（ ）。

A. 交流负反馈　　B. 直流负反馈

C. 交直流负反馈　　D. 直流正反馈

11. 图2-14所示电路中引入了（ ）负反馈。

A. 电压并联直流　　B. 电流并联直流

C. 电流串联交直流　　D. 电流并联交直流

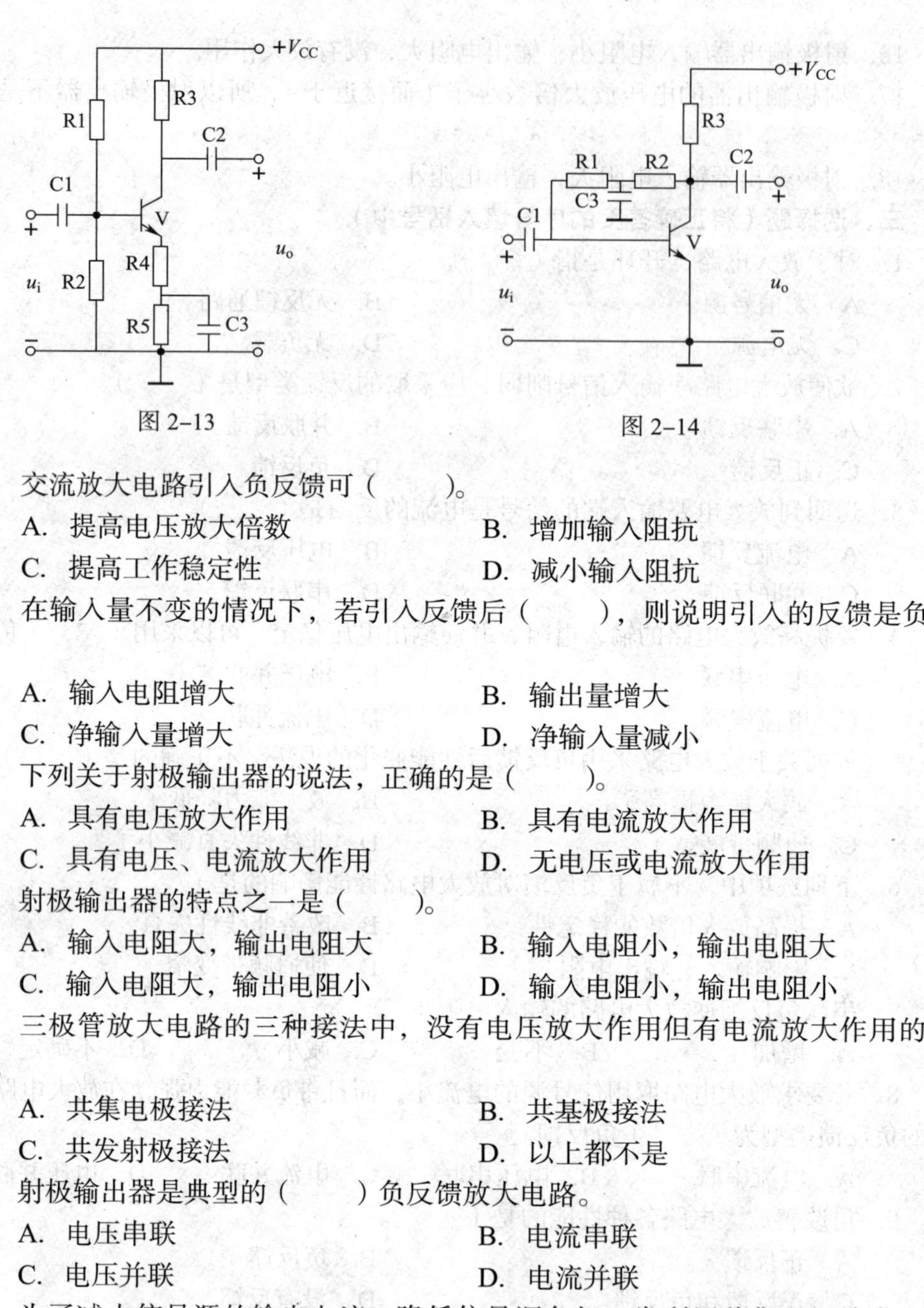

图 2-13

图 2-14

12. 交流放大电路引入负反馈可（　　）。

A. 提高电压放大倍数　　B. 增加输入阻抗

C. 提高工作稳定性　　D. 减小输入阻抗

13. 在输入量不变的情况下，若引入反馈后（　　），则说明引入的反馈是负反馈。

A. 输入电阻增大　　B. 输出量增大

C. 净输入量增大　　D. 净输入量减小

14. 下列关于射极输出器的说法，正确的是（　　）。

A. 具有电压放大作用　　B. 具有电流放大作用

C. 具有电压、电流放大作用　　D. 无电压或电流放大作用

15. 射极输出器的特点之一是（　　）。

A. 输入电阻大，输出电阻大　　B. 输入电阻小，输出电阻大

C. 输入电阻大，输出电阻小　　D. 输入电阻小，输出电阻小

16. 三极管放大电路的三种接法中，没有电压放大作用但有电流放大作用的是（　　）。

A. 共集电极接法　　B. 共基极接法

C. 共发射极接法　　D. 以上都不是

17. 射极输出器是典型的（　　）负反馈放大电路。

A. 电压串联　　B. 电流串联

C. 电压并联　　D. 电流并联

18. 为了减小信号源的输出电流，降低信号源负担，常利用共集电极放大电路（　　）的特性。

A. 输入电阻大　　B. 输入电阻小

C. 输出电阻大　　D. 输出电阻小

19. 要稳定输出电流，增大电路输入电阻应选用（　　）负反馈。

A. 电压串联　　B. 电压并联

C. 电流串联　　D. 电流并联

四、综合题

1. 反馈放大电路如图 2–15 所示，试判断其反馈类型（只判断级间反馈类型），并说明所引入反馈对输入、输出电阻的影响。设图中所有电容对交流信号均可视为短路。

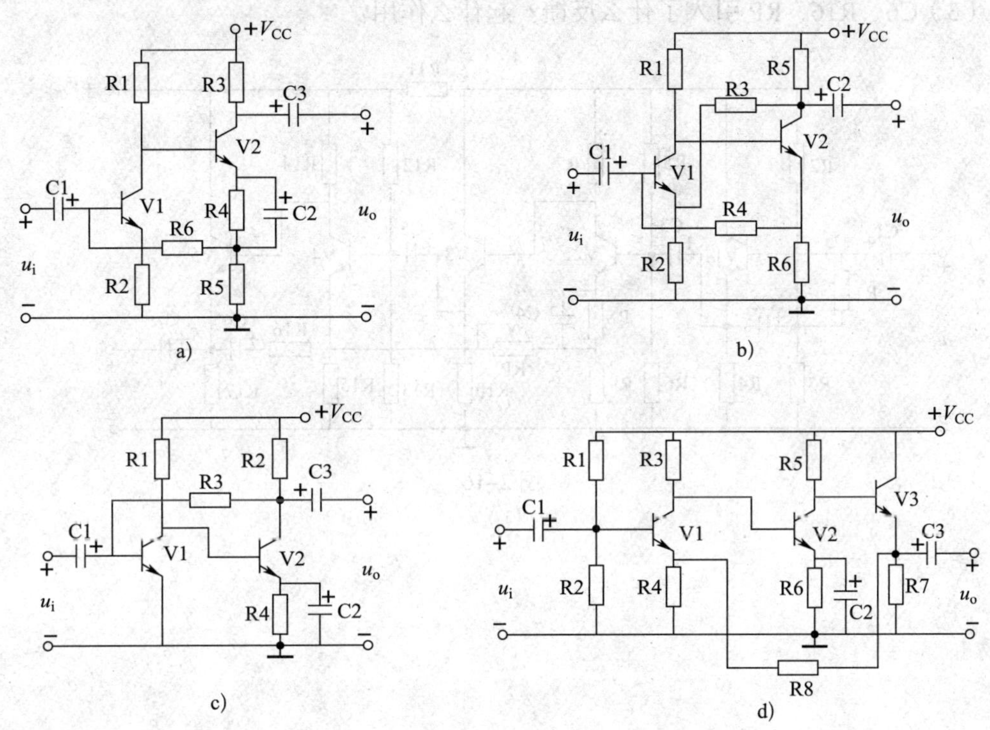

图 2–15

2. 某多级放大电路如图 2–16 所示，试回答下列问题：

（1）电路中哪几级采用了射极输出器，分别起什么作用？

（2）V1 管通过耦合电容器 C2 将发射极和基极相连，引入了什么性质的反馈？

（3）C6、R16、RP 引入了什么反馈？起什么作用？

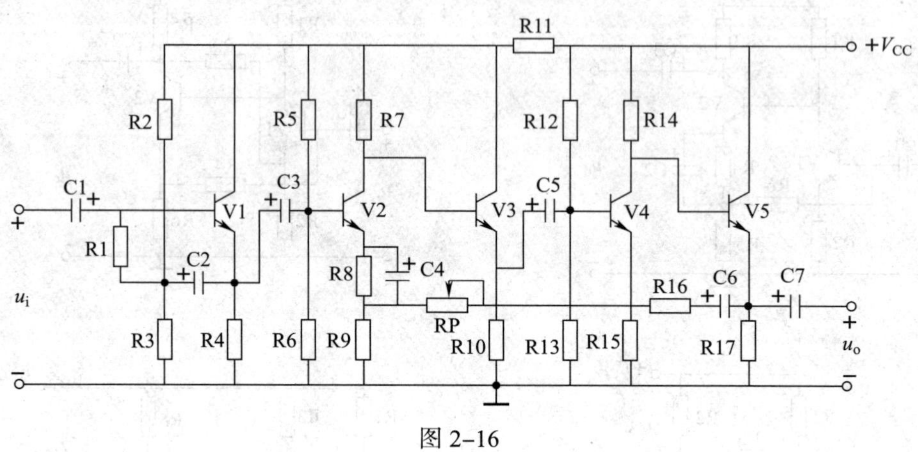

图 2–16

§ 2–6　功率放大电路

一、填空题（将正确的答案填写在横线上）

1. 功率放大电路通常位于多级放大电路的________级，必须能输出足够大的功率才能驱动负载正常工作。

2. 功率放大电路按工作状态不同，可分为________________放大电路、____________放大电路和____________放大电路三类。

3. 对功率放大电路的基本要求是______________________、____________________、

________________和________________。

4. 常用功率放大电路按照输出端特点不同，可分为__________功率放大电路、__________功率放大电路和__________功率放大电路。

5. 功率放大电路工作在甲类放大状态时，由于静态工作点设在__________而存在功率损耗________的缺点；工作在乙类放大状态时，功率损耗________，但存在________失真，因此可以让功率放大电路工作在________放大状态。

6. OTL 功率放大电路是由两个对称的__________组合而成，只是两只配对三极管类型不同，其分别输出放大信号的________，再在负载上合成完整的放大信号。

7. 为克服交越失真和提高效率，功率放大电路常采用____________电路。

8. 双电源供电的互补对称功率放大电路简称________功放，单电源供电的互补对称功率放大电路简称________功放。

二、判断题（正确的在括号内打“√”，错误的在括号内打“×”）

1. 近似估算法同样可以应用于功率放大电路。 （ ）

2. 功率放大电路的最大输出功率是指在基本不失真的情况下，负载上可能获得的最大交流功率。 （ ）

3. 乙类功率放大电路的静态电流 $I_{CQ} \approx 0$，所以静态功率几乎为零，效率高。 （ ）

4. 甲类功率放大电路的效率低，主要是静态工作点选在交流负载线的中点，使静态电流 I_{CQ} 较大造成的。 （ ）

5. 甲乙类功率放大电路能消除交越失真，是因为两只三极管有合适的偏流。 （ ）

6. 组成互补对称功率放大电路的两只三极管采用同型号的三极管。 （ ）

7. OTL 功率放大电路输出电容的作用仅仅是将信号传递到负载。 （ ）

8. 互补对称功率放大电路输入交流信号时，总有一只功放管处于截止状态，所以输出信号波形必然失真。 （ ）

三、选择题（将正确答案的序号填入括号中）

1. 功率放大电路与电压放大电路、电流放大电路的共同点是（ ）。

A. 都使输出电压大于输入电压

B. 都使输出电流大于输入电流

C. 都使输出功率大于信号源提供的输入功率

D. 输出电阻大于输入电阻

2. 对功率放大电路最基本的要求是（ ）。

A. 输出信号电压大　　B. 输出信号电流大

C. 输出信号电压和电流均大　　D. 输出信号电压大、电流小

3. 乙类功率放大电路中功放管的导通角（ ）。

A. 等于 360°　　B. 等于 180°　　C. 大于 180°　　D. 小于 360°

4. 某功率放大电路的静态工作点在交流负载线的中点，这种情况下功率放大电路

的工作状态称为（　　）。

A. 甲类　　B. 乙类　　C. 甲乙类　　D. 丙类

5. OCL 功率放大电路中，两只三极管的特性和参数均相同，并且一定是（　　）。

A. NPN 型管与 NPN 型管　　B. PNP 型管与 PNP 型管

C. NPN 型管与 PNP 型管　　D. 硅管和锗管

6. 实际应用的互补对称功率放大电路属于（　　）。

A. 甲类功率放大电路　　B. 乙类功率放大电路

C. 电压放大电路　　D. 甲乙类功率放大电路

7. OCL 电路采用的直流电源是（　　）。

A. 正电源　　B. 负电源　　C. 正负双电源　　D. 单电源

8. OCL 电路输入、输出端的耦合方式为（　　）。

A. 直接耦合　　B. 阻容耦合　　C. 变压器耦合　　D. 三种都可能

9. 乙类互补对称功率放大电路正常工作时，三极管工作在（　　）状态。

A. 放大　　B. 饱和

C. 截止　　D. 放大或截止

10. 乙类功率放大电路比单管甲类功率放大电路（　　）。

A. 输出电压高　　B. 输出电流大

C. 效率高　　D. 效率低

11. 在 OTL 功率放大电路中，输入信号为正弦波电压，输出电流波形如图 2–17 所示，这说明电路中出现了（　　）。

A. 饱和失真　　B. 截止失真

C. 交越失真　　D. 双向失真

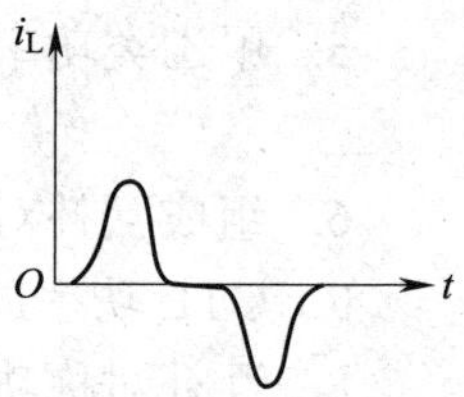

12. 给乙类功率放大电路设置适当的静态工作点，其目的是（　　）。

A. 消除饱和失真　　B. 减小放大倍数

C. 消除交越失真　　D. 消除截止失真

图 2–17

13. 在下列三种功率放大电路中，效率最高的是（　　）功率放大电路。

A. 甲类　　B. 乙类　　C. 甲乙类　　D. 丙类

四、综合题

1. 功率放大电路与小信号电压放大电路有何异同？

2. 乙类功率放大电路为什么会发生交越失真？如何消除交越失真？

3. 图 2–18 中的哪些接法可以构成复合管？试标出它们等效管的类型（如 NPN 型、PNP 型）及管脚（B、C 、E）。

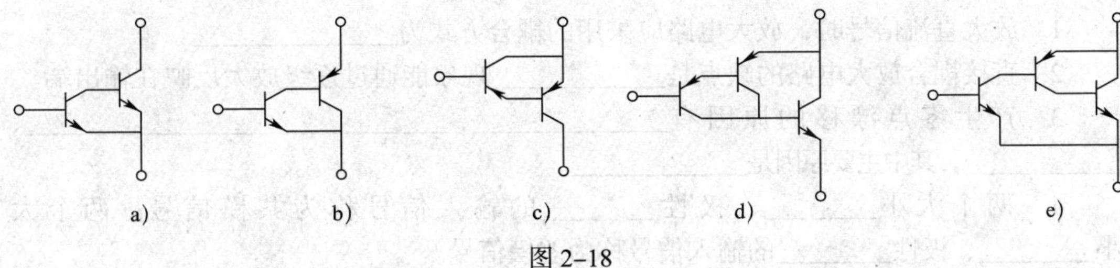

图 2–18

第三章 集成运算放大器及其应用

§3–1 差动放大电路

一、填空题（将正确的答案填写在横线上）

1. 放大直流信号时，放大电路应采用的耦合方式为________。

2. 直接耦合放大电路的缺点是________现象能通过逐级放大反映在输出端。

3. 产生零点漂移的原因有________、________、________，其中主要原因是________。

4. 两个大小________、极性________的输入信号称为共模信号；两个大小________、极性________的输入信号称为差模信号。

5. 差动放大电路具有________的电路结构，灵活的________方式。

6. 一个性能良好的差动放大电路，对________信号应有很高的放大倍数，对________信号应有足够的抑制能力。

7. 为了克服零点漂移，常采用________差动放大电路和________差动放大电路。

8. 差动放大电路的共模抑制比是指________和________之比，是衡量差动放大电路性能________的主要指标。该值越高，则________能力越强，理想情况下应是________。

二、判断题（正确的在括号内打"√"，错误的在括号内打"×"）

1. 直接耦合放大电路是把第一级的输出直接加到第二级的输入端进行放大的电路。（ ）

2. 直接耦合放大电路级数越多，零点漂移越小。（ ）

3. 直接耦合放大电路能够放大缓慢变化的信号和直流信号，但不能放大漂移信号。（ ）

4. 阻容耦合放大电路不存在零点漂移问题。（ ）

5. 只要有信号输入，差动放大电路就可以有效地放大输入信号。（ ）

6. 共模抑制比越小，差动放大电路的性能越好。（ ）

7. 差动放大电路对共模信号没有放大作用，放大的只是差模信号。（ ）

8. 具有恒流源的差动放大电路，会影响差模信号的放大。（ ）

9. 差动放大电路的共模放大倍数实际上为零。（ ）

三、选择题（将正确答案的序号填入括号中）

1. 直流放大电路级间常采用（　　）耦合方式。

A. 阻容　　B. 变压器　　C. 直接　　D. 光电

2. 直接耦合放大电路产生零点漂移的主要原因是（　　）变化。

A. 温度　　B. 湿度　　C. 电压　　D. 电流

3. 直流放大电路克服零点漂移的措施是采用（　　）。

A. 分压式电流负反馈电路　　B. 振荡电路

C. 滤波电路　　D. 差动放大电路

4. 在多级放大电路中，对零点漂移影响最大的是（　　）。

A. 前级　　B. 后级　　C. 前后级一样　　D. 中间级

5. 多级直流放大电路各级都会产生零点漂移，但抑制零点漂移的重点放在（　　）。

A. 中间级　　B. 最末级　　C. 第一级　　D. 哪一级都行

6. 为更好地抑制零点漂移，集成运算放大器的输入级大多采用（　　）。

A. 直接耦合电路　　B. 阻容耦合电路

C. 差动放大电路　　D. 反馈放大电路

7. 克服零点漂移最有效且最常用的是（　　）。

A. 放大电路　　B. 振荡电路

C. 差动放大电路　　D. 滤波电路

8. 如图 3–1 所示的带调零电位器的长尾式差动放大电路中，只对共模信号有负反馈作用的元件是（　　）。

A. RP　　B. R_E　　C. R1 或 R2　　D. R_{C1} 或 R_{C2}

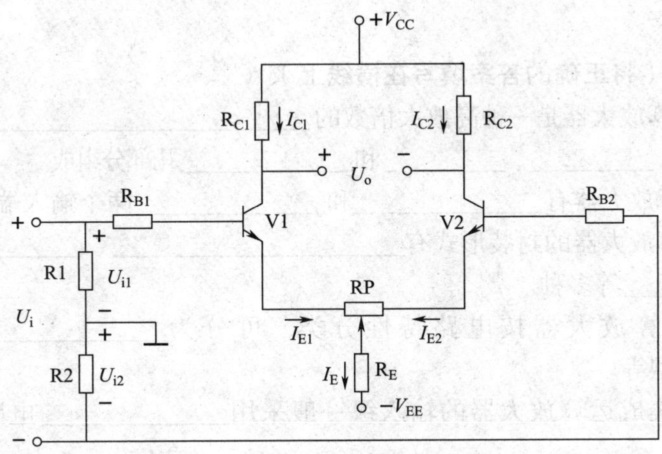

图 3–1

9. 长尾式差动放大电路中引入 R_E 的原因是（　　）。

A. 提高差动放大电路的对称性以抑制零点漂移

B. 引入差模信号的负反馈以抑制零点漂移

C. 减小每只三极管集电极对地所产生的零点漂移

10. 下列说法正确的是（　　）。

A. 长尾式差动放大电路中，R_E 大时，克服零点漂移的作用就小

B. 长尾式差动放大电路中，R_E 大时，克服零点漂移的作用就大

C. 长尾式差动放大电路中，R_E 的大小与克服零点漂移的作用无关

11. 用恒流源电路取代长尾式差动放大电路中的发射极电阻 R_E，将使单端输出电路的（　　）。

A. 差模放大倍数增大　　B. 差模输入电阻增大

C. 输出电阻减小　　D. 抑制共模信号能力增强

12. 差动放大电路是利用（　　）抑制零点漂移的。

A. 电路的对称性　　B. 共模负反馈

C. 电路的对称性和共模负反馈　　D. 差模负反馈

13. 差模输入信号是指两输入信号（　　）。

A. 大小和相位都相同　　B. 相位相反

C. 大小相同，相位相反　　D. 大小相等

14. 差动放大电路对差模信号的放大倍数 A_d 与单管放大电路的放大倍数 A_{d1}、A_{d2} 的关系为（　　）。

A. $A_d=\frac{1}{2}A_{d1}=\frac{1}{2}A_{d2}$　　B. $A_d=A_{d1}=A_{d2}$

C. $A_d=A_{d1}+A_{d2}$　　D. $A_d=A_{d1}\cdot A_{d2}$

§ 3–2　集成运算放大器概述

一、填空题（将正确的答案填写在横线上）

1. 集成运算放大器是一种高放大倍数的____________放大器，一般由__________、__________、__________和__________几部分组成。

2. 集成运算放大器有__________和__________两个输入端，一个输出端。

3. 集成运算放大器的封装形式有____________、____________、____________等多种。

4. 集成运算放大器按电路特性分类，可分为____________型和__________型等。

5. 通用型集成运算放大器的输入级一般采用__________电路，其主要目的是__________。

二、判断题（正确的在括号内打“√”，错误的在括号内打“×”）

1. 集成运算放大器是具有高放大倍数的直接耦合放大电路。（　　）

2. 集成运算放大器的引出端只有三个。（　　）

3. 开环差模电压增益越高，构成的电路运算精度越高，工作也越稳定。（　　）

4. 输入失调电流是指在输入信号为零时，同相和反相两个输入端的静态基极电流之差。（　　）

5. 集成运算放大器的输入偏置电流越大越好。（　　）

6. 差模输入电阻是指集成运算放大器的两个输入端加入差模信号时的交流输入电阻。（　　）

7. 差模输入电阻越大，集成运算放大器向信号源索取的电流越小，运算精度越高。（　　）

8. 因为集成运算放大器的实质是高放大倍数的多级直流放大电路，所以它只能放大直流信号。（　　）

9. 偏置电路不属于集成运算放大器的组成部分。（　　）

三、选择题（将正确答案的序号填入括号中）

1. 集成运算放大器的输入级常采用具有较高放大倍数的（　　）放大电路。

A. 电压　　B. 差动

C. 功率　　D. 电流

2. 高精度型集成运算放大器属于（　　）型。

A. 通用　　B. 专用

C. 大功率　　D. 小功率

3. 射极输出器在集成运算放大器电路中应用在（　　）。

A. 输入级　　B. 中间级

C. 输出级　　D. 偏置电路

§3-3　集成运算放大器的基本电路

一、填空题（将正确的答案填写在横线上）

1. 利用________和________工作特点分析工作在线性区的集成运算放大器电路，可大大简化分析和计算过程。

2. 工作在线性区的理想集成运算放大器具有如下特点：（1）两输入端的电位差________；（2）两输入端的电流________。

3. 集成运算放大器的电压传输特性分为__________区和__________区两部分。其中，中间很陡的斜线部分为__________区，在该区输出电压随输入电压线性变化；斜线之外的区域称为__________区，在该区输出电压只有__________和__________两种情况。

4. 分析集成运算放大器时，通常把它看成是一个理想元件，即开环电压放大倍数 A_{uo}=__________，差模输入电阻 r_i=__________，开环输出电阻 r_o=__________，共模抑制比 K_{CMR}=__________，没有失调现象。

5. 理想集成运算放大器工作在非线性区时，当 $u_P > u_N$ 时，u_o=____________；当 $u_P < u_N$ 时，u_o=__________；而两个输入端的电流 i_P=i_N=__________。

二、判断题（正确的在括号内打“√”，错误的在括号内打“×”）

1. 理想集成运算放大器的同相输入端和反相输入端之间不存在“虚短”“虚断”现象。（　　）

2. “虚地”指虚假接地，并不是真正接地。（　　）

3. 反相器既能使输入信号反相，又具有电压放大作用。（　　）

4. 分析同相比例运算放大电路时用到了“虚地”的概念。（　　）

5. 电压跟随器的开环电压放大倍数等于 1。（　　）

6. 在反相比例运算放大电路中引入的反馈属于电压串联负反馈，在同相比例运算放大电路中引入的反馈属于电压并联负反馈。（　　）

7. 运算放大电路中一般均引入负反馈。（　　）

三、选择题（将正确答案的序号填入括号中）

1. 反相比例运算放大电路的反馈类型为（　　）负反馈。

A. 电压串联

B. 电压并联

C. 电流串联

D. 电流并联

2. 在同相比例运算放大电路中，R_f 为电路引入了（　　）负反馈。

A. 电压串联　　B. 电压并联

C. 电流串联　　D. 电流并联

3. 反相比例运算放大电路的一个重要特点是（　　）。

A. 反相输入端为虚地

B. 输入电阻大

C. 引入了电流并联负反馈

D. 引入了电压串联负反馈

4. 在分析同相比例运算放大电路时，不用（　　）概念。

A. 虚短　　B. 虚断

C. 虚地　　D. 共模抑制比

5.（　　）比例运算放大电路的特例是电压跟随器，它具有 r_i 很大和 r_o 很小的特点，常用作缓冲器。

A. 同相　　B. 反相

C. 差分　　D. 比较

6. 由理想集成运算放大器构成的线性应用电路，其增益与集成运算放大器本身的参数（　　）。

A. 有关　　B. 无关

C. 有无关系不确定　　D. 关系不大

四、综合题

1. 简述“虚短”“虚地”和“虚断”的概念。在什么情况下存在“虚地”？

2. 图 3–2 所示为应用集成运算放大器测量电阻的原理电路，输出端接电压表，当电压表指示 5 V 时，试计算被测电阻 R_X 的阻值。

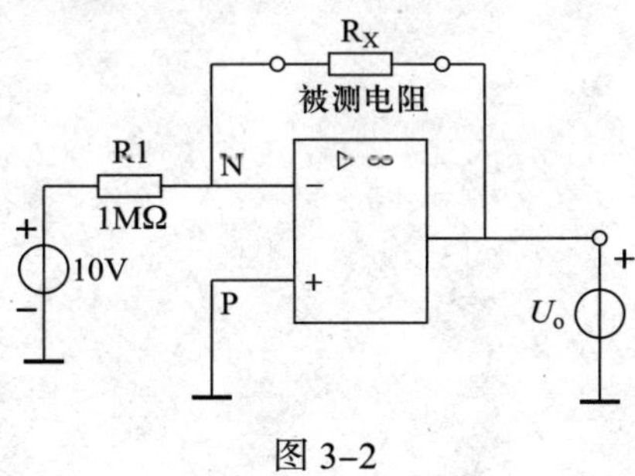

图 3–2

3. 指出图 3–3 属于什么电路，并计算 R1 的阻值。

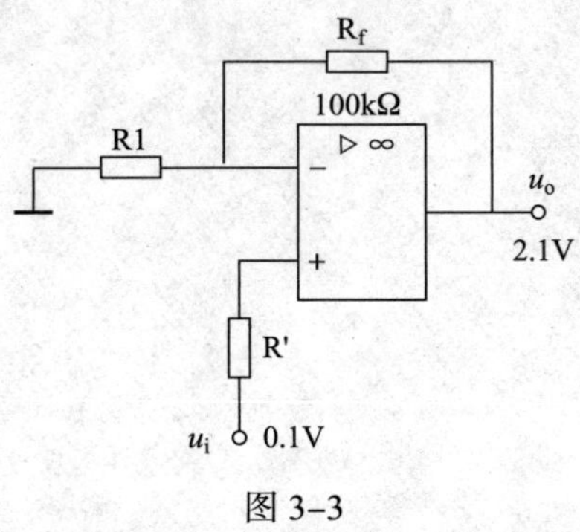

图 3–3

4. 在图 3–4 所示电路中，已知 $R_f = 2R_1$，$u_i = 2$ V，试求输出电压 u_o。

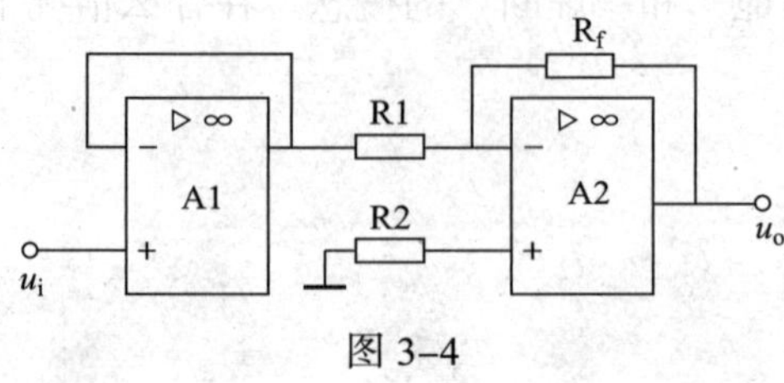

图 3–4

5. 画出输出电压与输入电压满足下列关系式的集成运算放大电路。

（1）$u_o/u_i = -1$。

（2）$u_o/u_i = 1$。

（3）$u_o/u_i = 20$。

§3–4 集成运算放大器的应用电路

一、填空题（将正确的答案填写在横线上）

1. 集成运算放大器线性应用时，电路中必须引入__________才能保证集成运算放大器工作在________区，它的输出量与输入量成________。集成运算放大器非线性应用时，集成电路接成________或________状态，工作于________区，它的输出量与输入量________。

2. 单门限电压比较器中的集成运算放大器工作在________状态，属于________应用。

3. 双门限电压比较器是在单门限电压比较器中引入了________，在两种输出状态下有各自的__________，从而提高了电路抗干扰的能力。

二、判断题（正确的在括号内打“√”，错误的在括号内打“×”）

1. 在反相加法运算电路中，集成运算放大器的反相输入端为虚地，流过反馈电阻的电流基本上等于各输入电流之和。（ ）

2. 应用集成运算放大器的非线性时，输出电压只有两种状态，即等于 $+U_{om}$ 或 $-U_{om}$。（ ）

3. “虚短”概念在集成运算放大器的非线性应用中依然成立。（ ）

4. 集成运算放大器电路中有负反馈，说明集成运算放大器工作在非线性区。（ ）

5. 电压比较器是集成运算放大器的线性应用。（ ）

6. 过零比较器属于单门限电压比较器。（ ）

7. 电压比较器能实现波形的变换。（ ）

8. 双门限电压比较器中的回差电压与参考电压有关。（ ）

9. 利用电压比较器可将矩形波变换成正弦波。（ ）

10. 只要集成运算放大器引入正反馈，就一定工作在非线性区。（ ）

11. 当集成运算放大器工作在非线性区时，输出电压不是高电平，就是低电平。（ ）

12. 一般情况下，在电压比较器中，集成运算放大器不是工作在开环状态，就是引入了正反馈。（ ）

三、选择题（将正确答案的序号填入括号中）

1. 在运算放大电路中，集成运算放大器工作在（ ）状态。

A. 开环　　B. 闭环

C. 深度负反馈　　D . 正反馈

2. 深度负反馈可使集成运算放大器进入（ ）。

A. 非线性区　　B. 线性区

C. 放大区　　D. 截止或饱和区

3. 理想集成运算放大器的两个重要结论为（　　）。

A. 虚地与反相　　B. 虚短与虚地

C. 虚短与虚断　　D. 虚断与虚地

4. 电压比较器中，集成运算放大器工作在（　　）状态。

A. 非线性　　B. 开环放大

C. 闭环放大　　D. 线性

5. 在单门限电压比较器中，集成运算放大器工作在（　　）状态。

A. 放大　　B. 开环

C. 闭环　　D. 线性

6. 过零比较器实际上是（　　）电压比较器。

A. 单门限　　B. 双门限

C. 无门限　　D. 三门限

7. 双门限电压比较器是一个含有（　　）网络的电压比较器。

A. 正反馈　　B. 负反馈

C. RC　　D. LC

8. 各种电压比较器的输出只有（　　）种状态。

A. 一　　B. 两

C. 三　　D. 四

9. 工作在开环状态的电压比较电路，其输出不是正饱和值，就是负饱和值，它们的大小取决于（　　）。

A. 集成运算放大器的开环放大倍数

B. 外电路参数

C. 集成运算放大器的工作电源

D. 集成运算放大器的参数

10. 若希望在 $u_i < 3$ V 时，u_o 为高电平；而在 $u_i > 3$ V 时，u_o 为低电平，可采用（　　）。

A. 同相输入单门限电压比较器

B. 反相输入单门限电压比较器

C. 反相输入迟滞电压比较器

D. 同相输入迟滞电压比较器

11. 由集成运算放大器组成的电压比较器，其集成运算放大器必须处于（　　）状态。

A. 自激振荡

B. 开环或负反馈

C. 开环或正反馈

D. 负反馈

三、综合题

1. 在图 3-5 所示的理想集成运算放大器电路中，若 $u_{i1} = -2$ V，$u_{i2} = 3$ V，$u_{i3} = 4$ V，$u_{i4} = -5$ V，求 u_o 的值。

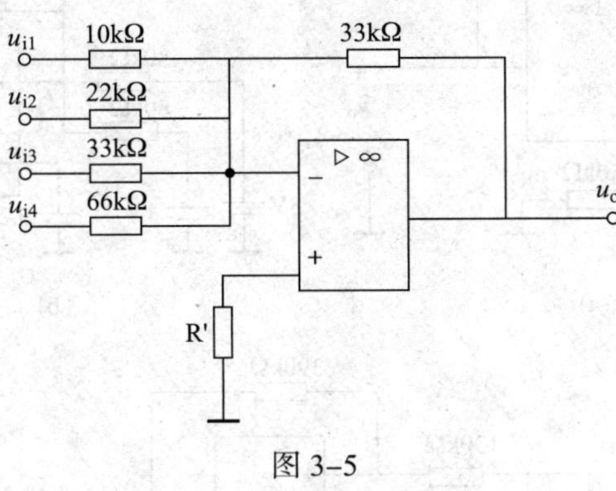

图 3-5

2. 在图 3-6 所示电路中，已知 $R_1 = 3$ kΩ，$R_2 = 10$ kΩ，$R_3 = 10$ kΩ，$R_{f1} = 51$ kΩ，$R_{f2} = 24$ kΩ，$u_{i1} = 0.1$ V，$u_{i2} = 0.5$ V，试求 u_{o1} 和 u_o。

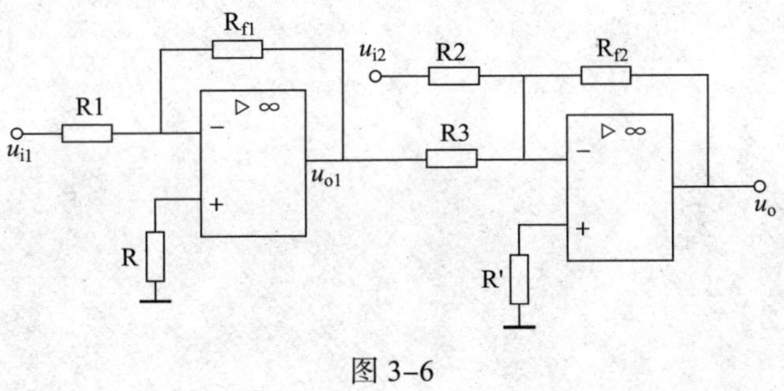

图 3-6

3. 试求图 3-7 所示各集成运算放大器的输出电压 u_o。

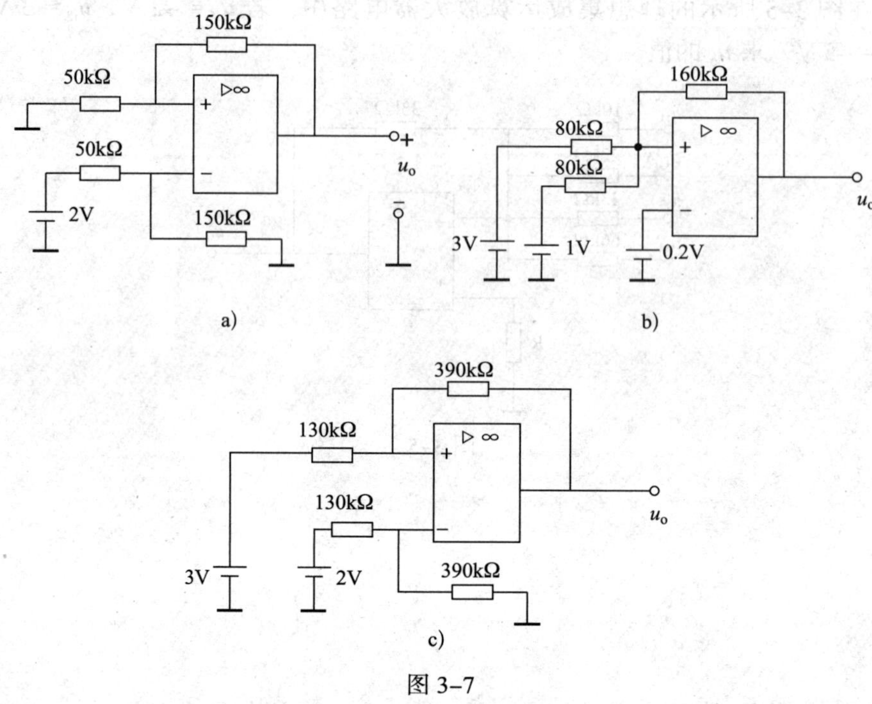

图 3-7

4. 画出能实现下列运算关系式的运算电路。

（1）$u_o = -3u_{i1} - 2u_{i2}$　　（2）$u_o = 2u_{i1} - u_{i2}$

（3）$u_o = 2u_{i1} + 3u_{i2}$　　（4）$u_o = 3u_{i1} + 2u_{i2} - u_{i3}$

5. 画出图 3–8a 所示电路的输出电压波形，假设输入电压 u_i 的波形如图 3–8b 所示，集成运算放大器的最大输出电压幅度为 ±10 V。

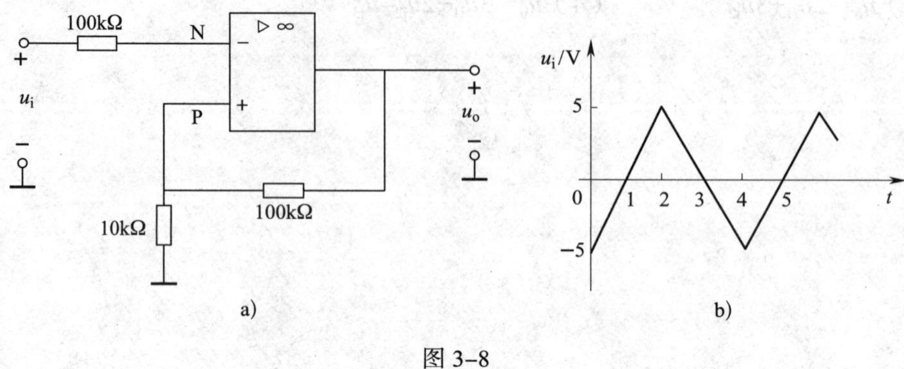

图 3–8

6. 在图 3–9 所示电路中，A1 ~ A3 均为理想集成运算放大器，其最大输出电压幅度为 ±12 V。则：

（1）A1 ~ A3 各组成何种基本应用电路？

（2）A1 ~ A3 分别工作在线性区还是非线性区？

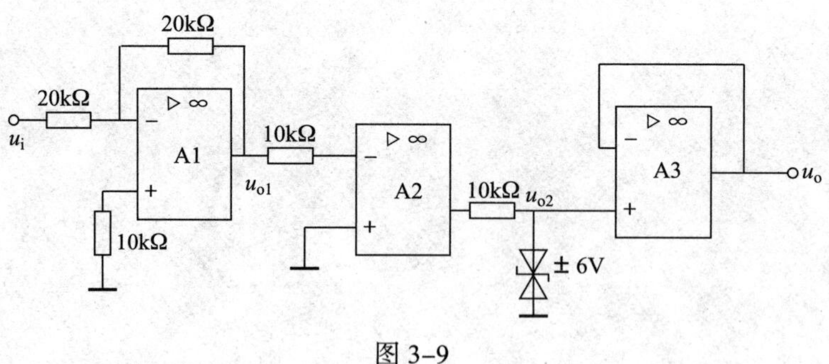

图 3–9

7. 图 3–10 所示电路中的反馈是正反馈还是负反馈？是什么反馈类型？试写出其放大倍数的近似表达式。

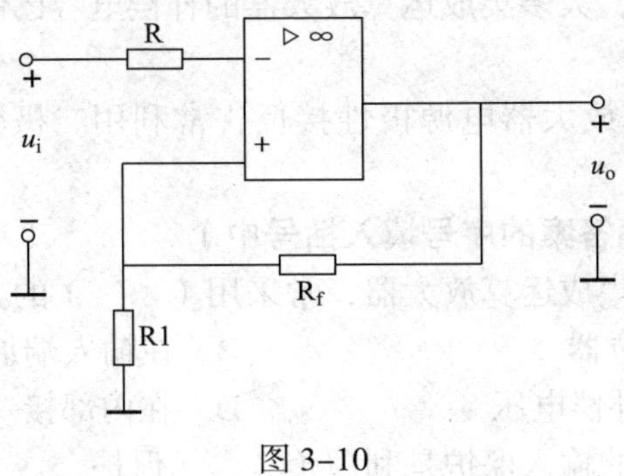

图 3–10

§ 3–5 集成运算放大器的使用常识

一、填空题（将正确的答案填写在横线上）

1. 选用集成运算放大器时，在__________型可以满足要求时，应尽量选用__________型，因其价格低、易于购买。__________型集成运算放大器是某一项性能指标较高的集成运算放大器，它的其他性能指标不一定高，有时甚至可能比__________型集成运算放大器还低。

2. 由于__________和__________的存在，当输入电压为零时，输出电压并不为零，因此，当输入信号为零时，需将输出电压调零。

3. 集成运算放大器常用保护措施有__________、__________和__________。

4. 为防止集成运算放大器自激振荡，需在补偿端子上接指定的__________或__________。

5. 集成运算放大器的质量检测方法有__________、__________和__________等。

6. 利用二极管的__________，在电源连线中串接二极管即可防止由于电源极性接反而造成的损坏。

二、判断题（正确的在括号内打“√”，错误的在括号内打“×”）

1. 集成运算放大器的调零都是通过调整调零电位器的阻值来实现的。（　　）

2. 为防止自激振荡，大多集成运算放大器的补偿电容已制作在内部，所以一般情况不需要外部补偿。（　　）

3. 为防止集成运算放大器电源极性接反，常利用二极管的单向导电性来控制。（　　）

三、选择题（将正确答案的序号填入括号中）

1. 无调零引出端的集成运算放大器，常采用（　　）的方法调零。
   A. 外接调零电位器　　B. 在输入端加补偿电压
   C. 在输出端加补偿电压　　D. 在内部接一个电阻

2. 集成运算放大器的输入保护是利用（　　）保护。
   A. 两只二极管构成的双向限幅电路
   B. 一只二极管构成的电路
   C. 两只对接的稳压二极管
   D. 两只电容器

3. 集成运算放大器的输出保护是利用（　　）保护。
   A. 两只二极管构成的双向限幅电路
   B. 二极管的单向导电性
   C. 两只对接的稳压二极管
   D. 晶闸管的可控特性

四、综合题

1. 如何用万用表对集成运算放大器进行检测？

2. 如果集成运算放大器的输入电压过大，会造成什么影响？图 3–11 所示电路能否实现输入限幅保护功能？如能，简述工作原理；如不能，改正其中错误，并简述工作原理。

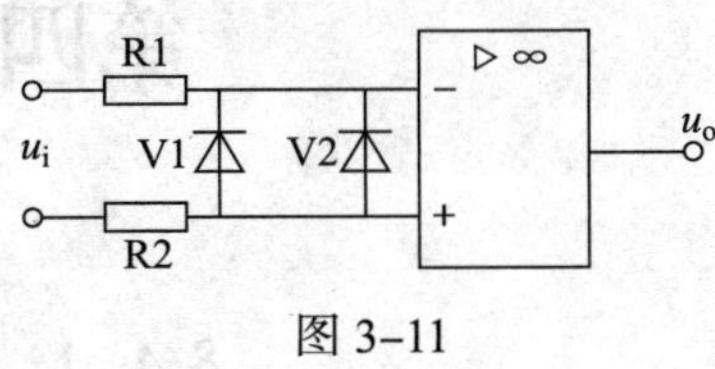

图 3–11

3. 某同学对一集成运算放大器进行质量检测时，按图 3–12 所示电路进行了接线，他发现调节 RP 时输出电压不变，于是判断该集成运算放大器已损坏。该同学的判断正确吗？为什么？如不正确，应如何改正？

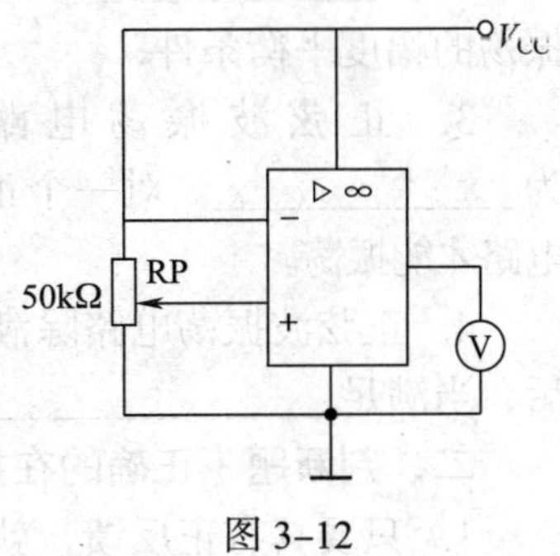

图 3–12

第四章　正弦波振荡电路

§4–1　正弦波振荡电路的基本概念

一、填空题（将正确的答案填写在横线上）

1. 正弦波振荡电路是一种能量转换装置，它不需要外加__________信号，就能通过电路自身的正反馈把__________转变为__________。

2. 正弦波振荡电路由____________、____________和____________组成，其中____________是为了满足振荡的相位平衡条件，____________是为了满足振荡的幅度平衡条件，____________是为了实现单一频率的正弦波振荡。

3. 正弦波振荡电路的幅度平衡条件为____________，相位平衡条件为____________。对一个正弦波振荡电路来说，必须________________________，电路才能振荡。

4. 正弦波振荡电路除满足相位平衡条件之外，起振时还需满足__________，起振后，当满足______________时，输出将维持一定的幅度做等幅振荡。

二、判断题（正确的在括号内打“√”，错误的在括号内打“×”）

1. 只要具有正反馈，就能产生自激振荡。（　　）
2. 为了产生一定频率的正弦波，振荡电路必须要有选频网络。（　　）
3. 正弦波振荡电路只有在外界信号激励之后，才能产生振荡。（　　）
4. 从 $AF>1$ 到 $AF=1$ 是自激振荡建立的过程。（　　）
5. 正弦波振荡电路中的放大管不需要合适的静态工作点。（　　）

三、选择题（将正确答案的序号填入括号中）

1. 正弦波振荡电路由（　　）大部分组成。

A. 两　　B. 三　　C. 四　　D. 五

2. 正弦波振荡电路中，正反馈网络的作用是（　　）。

A. 满足起振的相位和振幅平衡条件

B. 提高放大电路的放大倍数

C. 使某一频率的信号满足相位和振幅平衡条件

3. 正弦波振荡电路维持等幅振荡的条件是（　　）。

A. $AF>1$　　B. $AF=1$　　C. $AF<1$　　D. $AF\geqslant 1$

4. 电路形成自激振荡的主要原因是电路中（　　）。

A. 引入了正反馈　　B. 引入了负反馈

C. 电感线圈的作用　　D. 电容的作用

5. 正弦波振荡电路的起振信号来自（　　）。

A. 外部输入的信号　　B. 正反馈信号

C. 接直流电源瞬间的扰动信号　　D. 负反馈信号

6. 没有输入信号而有输出信号的放大电路是（　）。

A. 振荡电路　　B. 直流放大电路

C. 射极输出器

7. 要想使振荡电路获得单一频率的正弦波，主要是依靠振荡电路中的（　　）。

A. 正反馈网络环节　　B. 稳幅环节

C. 基本放大电路环节　　D. 选频网络环节

8. 正弦波振荡电路中，选频网络的作用是（　　）。

A. 满足起振的相位和振幅平衡条件

B. 提高放大电路的放大倍数

C. 使某一频率的信号满足相位和振幅平衡条件

四、综合题

1. 振荡电路和放大电路的主要区别是什么？

2. 有一正反馈放大电路，若放大倍数 $A_u = 40$，放大电路的反馈电压与输出电压之比 $F = 0.02$，则这个电路能否产生自激振荡？为什么？若 $A_u = 100$ 又如何？

§4-2 LC正弦波振荡电路

一、填空题（将正确的答案填写在横线上）

1. LC正弦波振荡电路主要用来产生________以上的高频振荡信号。

2. LC并联网络谐振时呈________性，在信号频率大于谐振频率时呈容性，在信号频率小于谐振频率时呈感性。

3. 选频网络由L和C元件组成的正弦波振荡电路称为________振荡电路。LC正弦波振荡电路有________式、________式和________式等几种形式。

4. 在变压器反馈式正弦波振荡电路中，________实现了放大作用，________实现了正反馈作用，________实现了选频作用，用三极管的________特性实现稳幅。

5. 电感三点式LC正弦波振荡电路中，电感线圈三端分别与三极管的________、________和________相接。

6. 电容三点式LC正弦波振荡电路中，串联电容的三根引出线分别与三极管的________、________和________相接。

7. ________振荡电路的振荡频率在几十兆赫兹以下，________振荡电路的振荡频率可达1 MHz至几十兆赫兹，________振荡电路的振荡频率达100 MHz以上。

二、判断题（正确的在括号内打"√"，错误的在括号内打"×"）

1. 电感三点式LC正弦波振荡电路的输出波形比电容三点式LC正弦波振荡电路的输出波形好。（　　）

2. 振荡电路一般分为正反馈振荡电路和负反馈振荡电路。（　　）

3. 振荡电路中依靠非线性元件可以达到稳幅振荡。（　　）

4. 振荡的实质是把直流电能转变为交流电能。（　　）

5. 在LC正弦波振荡电路中，正反馈电压取自电感者称为电感三点式LC正弦波振荡电路。（　　）

6. 在LC正弦波振荡电路中，正反馈电压取自电容者称为电容三点式LC正弦波振荡电路。（　　）

三、选择题（将正确答案的序号填入括号中）

1. 下列正弦波振荡电路中，不是LC正弦波振荡电路的是（　　）振荡电路。

A. 变压器反馈式　　B. 电感三点式

C. 电容三点式　　D. 石英晶体

2. 收音机振荡电路用得较多的是（　　）振荡电路。

A. 电感三点式　　B. 电容三点式

C. 石英晶体　　D. 共基极变压器耦合式

3. LC 正弦波振荡电路中，为容易起振而引入的反馈属于（　　）。

A. 负反馈　　B. 正反馈　　C. 电压反馈　　D. 电流反馈

4. 在电感三点式 LC 正弦波振荡电路中，要求（　　）。

A. L1 和 L2 串联　　B. L1 和 L2 并联

C. L1 和 L2 顺向串联且紧密耦合　　D. L1 和 L2 反向串联

5. 电容三点式正弦波振荡电路属于（　　）振荡电路。

A. RC　　B. LC　　C. RL　　D. 石英晶体

6. 不易调整频率的振荡电路是（　　）振荡电路。

A. 变压器反馈式　　B. 电感三点式

C. 电容三点式

7. 输出波形好的振荡电路是（　　）振荡电路。

A. 变压器反馈式　　B. 电感三点式

C. 电容三点式

四、综合题

1. 判断图 4–1 中各电路是否满足振荡的相位平衡条件。

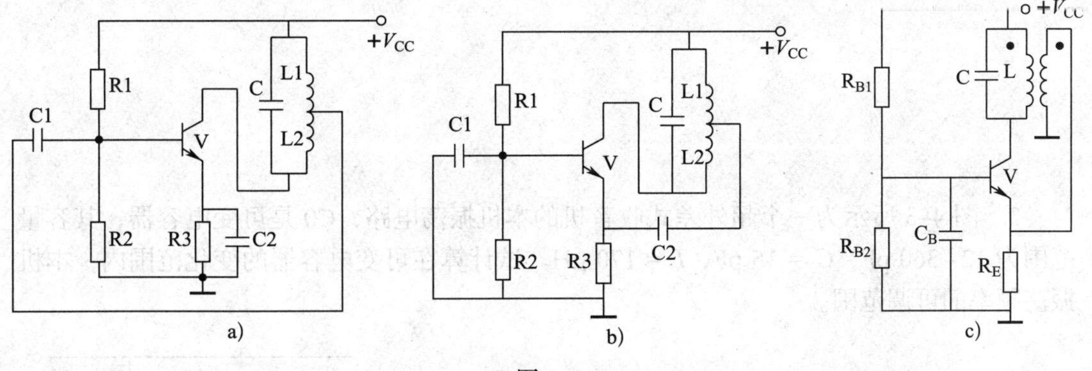

图 4–1

2. 检查图 4–2 中各电路的正确性。如有错，在原图错误的连线或元件上打“×”，再画出所需的连线和元件。

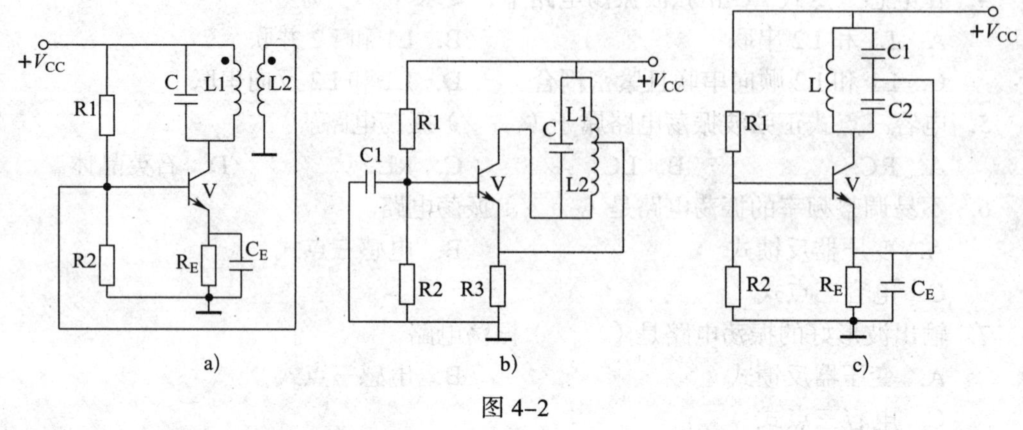

图 4–2

3. 图 4–3 所示为一个超外差式收音机的本机振荡电路，C0 是可变电容器，其容量范围为 12 ~ 360 pF，C_3 = 15 pF，L = 170 μH。试计算在可变电容器的变化范围内，本机振荡频率的可调范围。

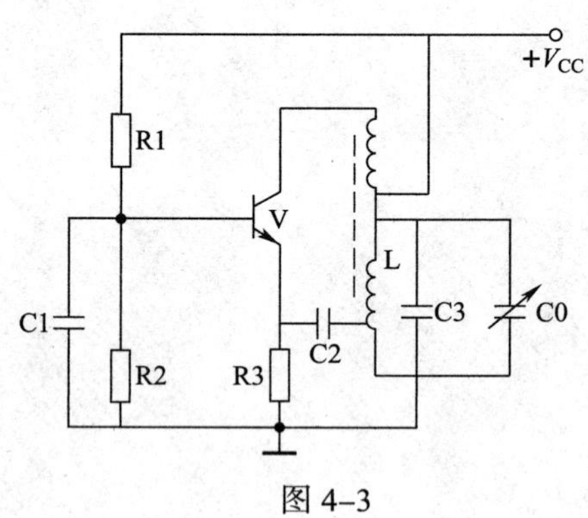

图 4–3

§4–3 RC 正弦波振荡电路

一、填空题（将正确的答案填写在横线上）

1. RC 桥式正弦波振荡电路是利用____________作为正反馈支路，该振荡电路中的基本放大电路必须是_______相放大，才能满足振荡的相位平衡条件。

2. RC 桥式正弦波振荡电路中的 RC 串并联选频网络，在 $f=\dfrac{1}{2\pi RC}$时反馈网络的相移 φ_F=_________，反馈系数 $F=\dfrac{1}{3}$，因此，RC 桥式正弦波振荡电路中的基本放大电路必须满足电压放大倍数 A _________，相位差 φ_A=_________，才能满足振荡平衡条件。

3. RC 桥式正弦波振荡电路是由________________和具有选频作用的________网络组成的，振荡频率 f_0=_______。此时，RC 串并联选频网络的相位角为_________。

4. RC 正弦波振荡电路是利用 R 和 C 组成_____________，一般用来产生_________以下的低频正弦波信号。

5. 当信号频率 $f=f_0$ 时，RC 串并联网络呈_________性。

二、判断题（正确的在括号内打“√”，错误的在括号内打“×”）

1. 若要获得低频信号，通常采用 RC 正弦波振荡电路。（ ）

2. RC 桥式正弦波振荡电路采用两级放大电路的目的是为了实现同相放大。（ ）

3. 振荡电路中只要引入了负反馈，就不会产生振荡信号。（ ）

4. RC 桥式正弦波振荡电路振荡幅度的稳定同 LC 正弦波振荡电路一样，是利用三极管的非线性实现的。（ ）

5. 在 RC 桥式正弦波振荡电路中，放大电路只能是两级放大电路。（ ）

三、选择题（将正确答案的序号填入括号中）

1. 在 RC 正弦波振荡电路中，一般要加入负反馈支路，其主要目的是（ ）。

   A. 提高稳定性，改善输出波形　　B. 稳定静态工作点
   C. 减小零点漂移　　D. 提高输出电压

2. 正弦波振荡电路的振荡频率 f 取决于（ ）。

   A. 反馈网络元件参数　　B. 反馈的强弱
   C. 电路的放大倍数　　D. 三极管的参数

3. RC 桥式正弦波振荡电路中，放大电路的电压放大倍数（ ）时，才能满足起振条件。

   A. =1/3　　B. =3　　C. >3　　D. >1/3

4. RC 桥式正弦波振荡电路起振时，正反馈比负反馈（ ）。

A. 强　　B. 弱　　C. 不确定　　D. 相等

5. RC 桥式正弦波振荡电路中，正反馈网络是由（　　）构成的。

A. RC 串并联电路　　B. 热敏电阻支路

C. RC 串联电路　　D. RC 并联电路

6. RC 桥式正弦波振荡电路中引入的负反馈为（　　）。

A. 电压串联负反馈　　B. 电压并联负反馈

C. 电流串联负反馈　　D. 电流并联负反馈

四、综合题

图 4–4 所示 RC 桥式正弦波振荡电路中，$C = 1\ \mu F$，$1\ k\Omega \leqslant R \leqslant 10\ k\Omega$。试完成下列题目：

（1）求振荡频率的调节范围。

（2）若 RT 为正温度系数的热敏电阻，试说明电路的起振过程和稳幅过程。

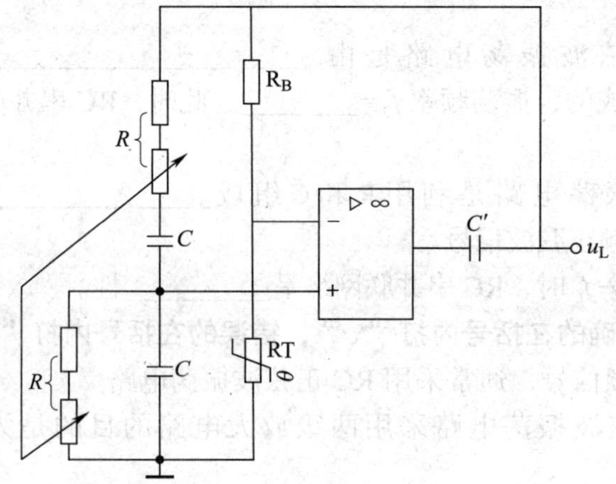

图 4–4

§4–4　石英晶体振荡电路

一、填空题（将正确的答案填写在横线上）

1. 石英晶体振荡电路有两个谐振频率，即__________谐振频率（f_s=__________）和____________谐振频率（f_p=__________________），因为$C_0>>C$，所以f_s与f_p非常____________。

2. 石英晶体振荡电路在$f<f_s$时，等效电路呈__________性。在$f_s<f<f_p$时，等效电路呈__________性。在$f>f_p$时，等效电路呈__________性。在$f=f_s$时，等效电路呈__________性。

3. 石英晶体振荡电路根据谐振频率特性不同，可分为________型和________型两种形式。

二、判断题（正确的在括号内打“√”，错误的在括号内打“×”）

1. 石英晶体振荡电路的最大特点是振荡频率比较高。（　　）

2. 石英晶体的谐振频率由晶体的切割方向和几何尺寸决定。（　　）

3. 把电容三点式振荡电路中的电感换成石英晶体谐振器，电路即为串联型石英晶体振荡电路。（　　）

三、选择题（将正确答案的序号填入括号中）

1. 石英晶体振荡电路的最大特点是（　　）。

A. 振荡频率高

B. 输出波形失真

C. 振荡频率稳定度非常高

D. 振荡频率低

2. 标准低频正弦信号发生器中的振荡电路通常选用（　　）。

A. LC 正弦波振荡电路

B. RC 正弦波振荡电路

C. 石英晶体振荡电路

3. 串联型石英晶体振荡电路谐振时，石英晶体呈（　　）性。

A. 感　　B. 容

C. 纯阻

4. 并联型石英晶体振荡电路谐振时，石英晶体呈（　　）性。

A. 感　　B. 容

C. 纯阻

四、综合题

判断图 4-5 所示电路能否满足振荡条件。

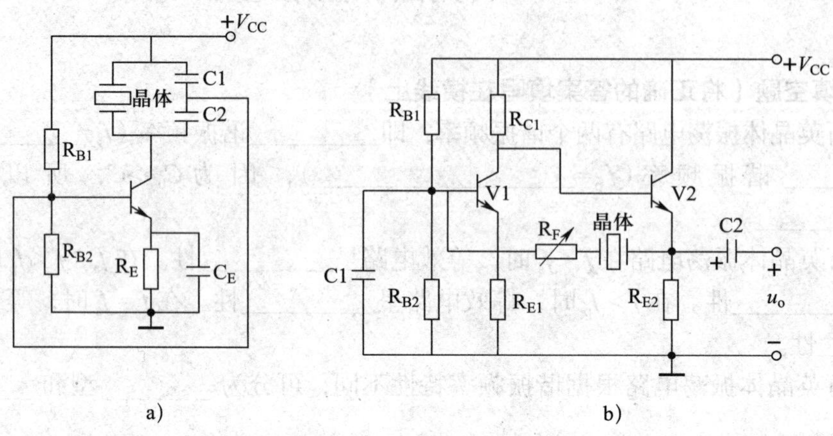

图 4-5

第五章　直流稳压电源

§5-1　整 流 电 路

一、填空题（将正确的答案填写在横线上）

1. 将____________变成____________的过程称为整流。

2. 直流电源一般由________、________、________和________四部分组成。

3. 整流电路按被整流的交流电源不同，可分为________和________两种；按被整流后输出的电压电流的波形不同，又可分为________与________两种。

4. 在单相半波整流电路中，如果电源变压器二次侧电压的有效值是 200 V，则负载电压是________V。

5. 在变压器二次侧电压相同的情况下，桥式整流电路输出的直流电压比半波整流电路高________倍，而且脉动________。

6. 在单相桥式整流电路中，如果负载电流是 20 A，则流过每只二极管的电流是________A。

7. 在单相半波整流电路中，整流输入交流电压的有效值为 10 V，则负载上的半波脉动直流电压平均值为________；若为单相桥式整流电路，则负载上的桥式脉动直流电压平均值为________。

8. 在三相整流电路中，某段工作时间内，只有正极电位________的和负极电位________的二极管才能导通，每只二极管的导通角均为________。

9. 在输出电压平均值相等的情况下，三相半波整流电路中二极管承受的最高反向电压是三相桥式整流电路的________倍。

10. 三相整流电路具有输出电压脉动________，输出功率________，变压器利用率________，并能使三相电网的负荷________等优点，因而在电气设备中得到广泛应用。

二、判断题（正确的在括号内打“√”，错误的在括号内打“×”）

1. 单相半波整流电路中，只要把变压器二次绕组的端钮对调，就能使输出直流电压的极性改变。（　　）

2. 单相桥式整流电路中，整流二极管承受的最高反向电压为变压器二次侧电压的 $2\sqrt{2}$ 倍。（　　）

3. 单相桥式整流电路中，通过整流二极管的平均电流等于负载中流过的平均电流。（　　）

4. 在整流电路中，负载上获得的脉动直流电压常用平均值来说明它的大小。（　　）

5. 单相桥式整流电路在输入交流电的每个半周内都有两只二极管导通。（　　）

6. 在单相整流电路中，输出直流电压的大小与负载大小无关。（　　）

7. 共阴极接法的三相半波整流电路中，正极电位最高的二极管导通。（　　）

8. 三相桥式整流电路中，每个整流元件中流过的电流平均值是负载电流平均值的1/6。（　　）

9. 三相整流电路中，二极管承受的最高反向工作电压都是线电压的最大值。（　　）

10. 三相桥式整流电路输出电压波形较三相半波整流电路平滑得多，脉动更小。（　　）

11. 在三倍压整流电路中，每个电容器两端的电压都是$2\sqrt{2}U_2$。（　　）

12. 低压小电流硅堆有半桥和全桥两种。（　　）

三、选择题（将正确答案的序号填入括号中）

1. 单相半波整流电路输出电压的平均值为变压器二次侧电压有效值的（　　）倍。

A. 0.9　　B. 0.45　　C. 0.707　　D. 1

2. 某单相半波整流电路中，变压器二次侧电压$U_2 = 100$ V，则负载两端电压及二极管承受的反向电压分别为（　　）。

A. 45 V 和 141 V　　B. 90 V 和 141 V

C. 90 V 和 282 V　　D. 45 V 和 282 V

3. 选择整流电路中的二极管，要考虑二极管的（　　）和（　　）两个参数。

A. 最大整流电流　反向电流　　B. 最高反向工作电压　最高工作频率

C. 最大整流电流　最高反向工作电压　　D. 最大整流电流　最高工作频率

4. 某单相桥式整流电路中有一只二极管断路，则该电路（　　）。

A. 不能工作　　B. 输出电压不变

C. 输出电压降低　　D. 输出电压升高

5. 某单相桥式整流电路中，变压器二次侧电压为U_2，则当负载开路时整流输出电压为（　　）。

A. $0.9U_2$　　B. U_2　　C. $\sqrt{2}U_2$　　D. $1.2U_2$

6. 单相整流电路中，二极管承受的反向电压最大值出现在二极管（　　）。

A. 截止时　　B. 导通时

C. 由导通转截止时　　D. 由截止转导通时

7. 单相桥式整流电路中，通过二极管的平均电流等于（　　）。

A. 输出平均电流的1/4　　B. 输出平均电流的1/2

C. 输出平均电流　　D. 输出平均电流的1/3

8. 若单相桥式整流电路中某只二极管被击穿短路，则电路（ ）。

A. 仍可正常工作　　B. 不能正常工作

C. 输出电压下降　　D. 输出电压升高

9. 交流电通过单相整流电路后，得到的输出电压是（ ）。

A. 交流电压　　B. 稳定的直流电压

C. 脉动直流电压　　D. 恒定的直流电压

10. 安装单相桥式整流电路时，误将某只二极管接反了，产生的后果是（ ）。

A. 输出电压是原来的一半　　B. 输出电压的极性改变

C. 接反的二极管烧毁　　D. 4 只二极管可能均烧毁

11. 在单相桥式整流电路中，如果电源变压器二次侧电压有效值是 U_2，则每只整流二极管所承受的最高反向电压是（ ）。

A. U_2　　B. $\sqrt{2}U_2$　　C. $2\sqrt{2}U_2$　　D. $3\sqrt{2}U_2$

12. 单相桥式整流电路在输入交流电压的每个半周内都有（ ）只二极管导通。

A. 1　　B. 2　　C. 3　　D. 4

13. 在输出电压平均值相等时，单相桥式整流电路中的二极管所承受的最高反向电压为 12 V，则单相半波整流电路中的二极管所承受的最高反向电压为（ ）V。

A. 12　　B. 6　　C. 24　　D. 8

14. 下列电路中，输出电压脉动最小的是（ ）。

A. 单相半波整流电路　　B. 单相桥式整流电路

C. 三相半波整流电路　　D. 三相桥式整流电路

15. 每个整流元件中流过的电流均为负载电流平均值的 1/3 的电路是（ ）。

A. 三相桥式整流电路　　B. 单相半波整流电路

C. 单相桥式整流电路　　D. 倍压整流电路

16. 变压器二次侧电压 $u_2 = 10\sqrt{2}\sin\omega t$ V，在三倍压整流电路中，二极管承受的最高反向电压约为（ ）V。

A. $10\sqrt{2}$　　B. $20\sqrt{2}$　　C. $30\sqrt{2}$　　D. 30

四、综合题

1. 某单相半波整流电路中，变压器一次侧电压 $U_i = 220$ V，变压比 $n = 10$，负载电阻 $R_L = 10$ kΩ，试计算：

（1）整流输出电压 U_L。

（2）二极管通过的电流和承受的最高反向电压。

2. 因为单相桥式整流电路中有四只整流二极管，所以每只二极管中电流的平均值等于负载电流的 1/4，这种说法对不对？为什么？

3. 如图 5–1 所示电路为单相全波整流电路，试说明它的整流过程，并根据变压器二次侧电压 u_2 的波形，画出相应的负载电压波形。

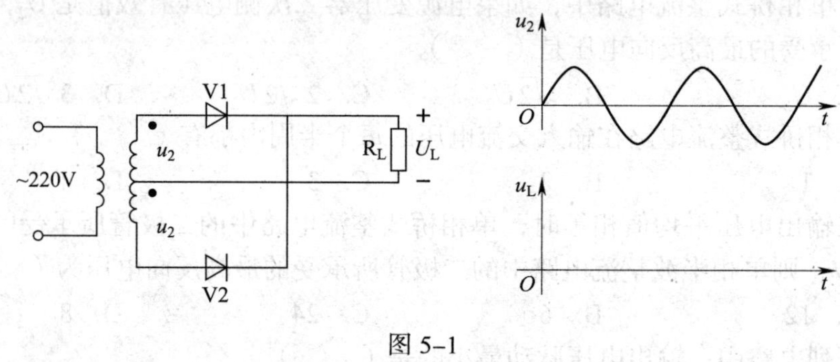

图 5–1

4. 某单相桥式整流电路，要求输出直流电压 25 V，输出直流电流 200 mA，则二极管的电压、电流参数应满足什么要求？

5. 在单相桥式整流电路中，若有一只二极管接反、短路或开路，分别会出现什么现象？若四只二极管全部接反会出现什么现象？

6. 线路板上，电源变压器、四只二极管和负载电阻的排列如图 5–2 所示，试在四只二极管各个端点接入交流电源和负载电阻以实现桥式整流，要求完成的电路简明整齐。

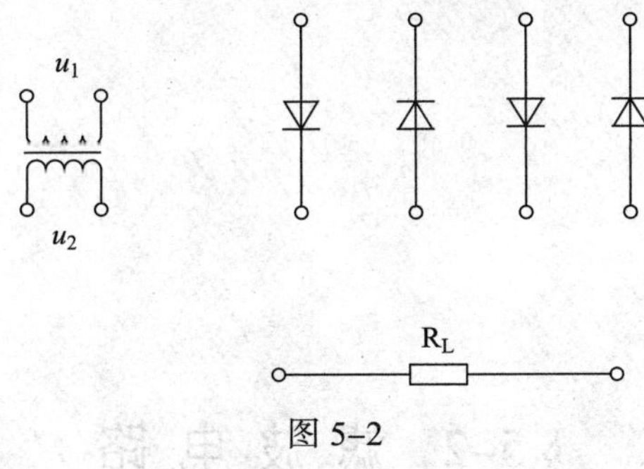

图 5–2

7. 在三相半波整流电路中，负载 R_L 的阻值为 10 Ω，若要求负载电流为 100 A，试求：

（1）变压器二次侧相电压的有效值 U_2。

（2）每只二极管承受的最高反向电压 U_{Rm}。

（3）流过每只二极管的平均电流 I_F。

8. 三相桥式整流电路中，已知变压器二次侧电压的有效值为 120 V，输出直流电流为 30 A，试求：

（1）输出直流电压平均值。

（2）负载电阻。

（3）整流二极管的平均电流和最高反向电压。

§5–2 滤 波 电 路

一、填空题（将正确的答案填写在横线上）

1. 滤波就是保留脉动直流电中的____________成分，尽可能滤除其中的________成分，把脉动直流电变成____________直流电的过程。

2. 滤波电路由________、________储能元件组成。常用滤波电路有______________、________________和________________等几种，复式滤波电路有________、________和________型。滤波电路一般接在________电路的后面。

3. 滤波电路中，滤波电容和负载________联，滤波电感和负载________联。

4. 电容滤波是利用________________________________的原理，因此，在电路连接上，一般将电容与负载电阻________。

5. 电容滤波是利用电路中电容充电速度________，放电速度________的特点，使脉动直流电压变得________，从而实现滤波的。负载电阻 R_L 的阻值越________，电容滤波的效果越好。

6. 电感滤波是利用电感线圈电流不能________，从而使流过负载的电流变得________来实现滤波的，负载电阻 R_L 的阻值越________，滤波电感 L 的电感越________，电感滤波的效果越好。

7. 电容滤波适用于________________的场合，电感滤波适用于________________的场合。

8. 若变压器二次侧电压为 U_2，则单相半波整流电容滤波电路负载获得的直流电压：接负载时为________，不接负载时为________。

二、判断题（正确的在括号内打“√”，错误的在括号内打“×”）

1. 单相整流电容滤波电路中，电容器的极性不能接反。（　　）
2. 整流电路接入电容滤波后，输出直流电压下降。（　　）
3. 复式滤波电路输出的电压波形比一般滤波电路输出的电压波形平直。（　　）
4. 带有电容滤波的单相桥式整流电路，其输出电压的平均值与所带负载无关。（　　）
5. 在单相半波整流电容滤波电路中，二极管承受的反向电压与滤波电容无关。（　　）
6. 电感滤波电路中，电感 L 越大，则滤波效果越好。（　　）
7. 电容滤波电路中，电容 C 越大，则滤波效果越好。（　　）
8. 整流电路加电容滤波后，二极管的导通时间比无滤波电容时长。（　　）
9. 电容滤波适用于负载电流较小且基本不变的场合。（　　）
10. 桥式整流电路有电容滤波和无电容滤波时，二极管承受的反向电压不一样。（　　）

三、选择题（将正确答案的序号填入括号中）

1. 利用电抗元件的（　　）特性能实现滤波。

A. 延时　　B. 储能　　C. 稳压　　D. 负阻

2. 在整流电路的负载两端并联一大电容，其输出电压脉动的大小将随着负载电阻和电容的增加而（　　）。

A. 增大　　B. 减小　　C. 不变　　D. 都不是

3. 单相桥式整流电容滤波电路中，若要负载得到 45 V 的直流电压，变压器二次侧电压的有效值应为（　　）V。

A. 45　　B. 50　　C. 100　　D. 37.5

4. 单相桥式整流电容滤波电路中，如果电源变压器二次侧电压为 100 V，则负载电压为（　　）V。

A. 100　　B. 120　　C. 90　　D. 130

5. 在滤波电路中，与负载并联的元件是（　　）。

A. 电容　　B. 电感　　C. 电阻　　D. 开关

6. 单相桥式整流电路接入滤波电容后，二极管的导通时间（　　）。

A. 变长　　B. 变短　　C. 不变　　D. 不确定

7. 单相半波整流电容滤波电路中，当负载开路时，输出电压为（　　）。

A. 0　　B. U_2　　C. $0.45U_2$　　D. $\sqrt{2}U_2$

8. 电子滤波电路中，三极管工作在（　　）状态。

A. 截止　　B. 饱和　　C. 放大　　D. 截止或饱和

四、综合题

1. 在单相半波、单相桥式整流电路中，加滤波电容和不加滤波电容两种情况下，二极管承受的反向电压有无区别？为什么？

2. 根据图 5–3 所示桥式整流电容滤波电路，完成下列题目：

（1）在桥臂上画出整流二极管，标出电容 C 的正极。

（2）判断输出电压是正还是负。

（3）若要求输出电压为 25 V，则 u_2 的有效值应为多少？

（4）如负载电流为 200 mA，则每只二极管流过的电流和最高反向电压分别是多少？

（5）电容 C 开路或短路时，电路会产生什么后果？

（6）若负载电流为 200 mA，则滤波电容 C 的容量和耐压分别为多少？

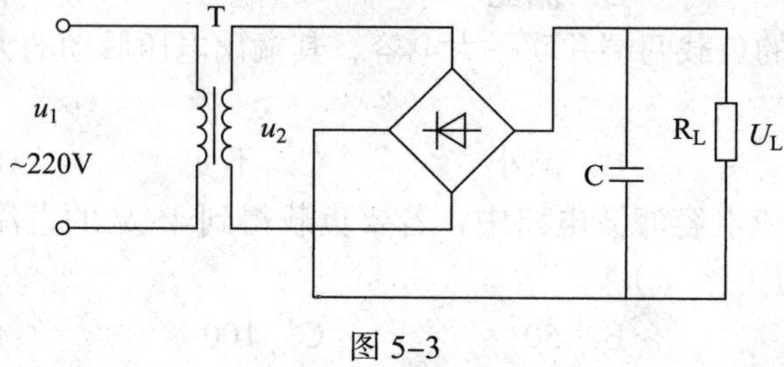

图 5–3

3. 某单相桥式整流电容滤波电路中，变压器二次侧电压为 10 V，则：

（1）空载电压为 14 V，满载为 12 V，是否正常？为什么？

（2）空载电压低于 10 V 是否正常？为什么？

（3）无论是空载还是满载，输出电压变化都很小，是否正常？为什么？

4. 如图 5-4 所示电路中，元件 R、L、C 能否起滤波作用？

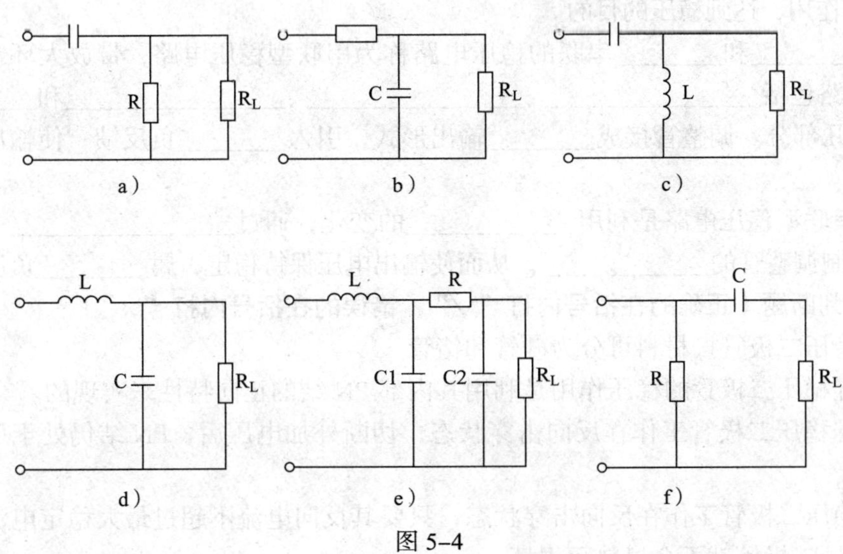

图 5-4

§5-3 稳压电路

一、填空题（将正确的答案填写在横线上）

1. 稳压电路就是当________________或__________________发生变化时，能使_______________稳定的电路。

2. 在稳压电路中，硅稳压二极管的正极必须接电源的________极，负极必须接电源的_________极。

3. 一只2DW7型稳压二极管的稳定电压为6 V，其和一只2CZ52B型二极管反向串联后可用于稳压，稳定电压为________。

4. 并联型稳压电路主要是利用硅稳压二极管工作在反向击穿区的特性，即当反向电流在________范围内变化时，稳压二极管两端的反向电压变化________，从而达到稳压的目的。在实际电路中，一般都将稳压二极管________联在电路中。

5. 并联型稳压电路是直接利用稳压二极管________的变化，并通过限流电阻的________作用，达到稳压的目的。

6. ________和________串联的稳压电路称为串联型稳压电路，带放大环节的串联型稳压电路包括_______________、_______________、_______________和_________________等几部分。调整管接成________输出形式，引入________负反馈，使输出电压稳定。

7. 串联型稳压电路是利用____________的变化，通过_______________________的形式来控制调整管的____________，从而使输出电压保持稳定，属________负反馈。

二、判断题（正确的在括号内打“√”，错误的在括号内打“×”）

1. 稳压二极管按材料可分为硅管和锗管。（ ）

2. 硅稳压二极管的稳压作用是利用其内部PN结的正向特性来实现的。（ ）

3. 硅稳压二极管工作在反向击穿状态，切断外加电压后，PN结仍处于反向击穿状态。（ ）

4. 稳压二极管工作在反向击穿状态，只要其反向电流不超过最大稳定电流允许的数值，稳压二极管就不会过热而损坏。（ ）

5. 硅稳压二极管可以串联使用，也可以并联使用。（ ）

6. 2CW18型稳压二极管的稳压值为10~12 V，这表明将2CW18型稳压二极管反接在电路中，可以将电压稳定在10~12 V。（ ）

7. 只要限制击穿电流，硅稳压二极管就可以长期工作在反向击穿区。（ ）

8. 在硅稳压二极管的简单并联型稳压电路中，稳压二极管应工作在反向击穿区，并且与负载电阻串联。（ ）

9. 并联型稳压电路中负载两端的电压受稳压二极管稳定电压的限制。（ ）

10. 直流稳压电源只能在市电变化时使输出电压基本不变，而当负载电阻变化时它不能起稳压作用。（ ）

11. 串、并联型稳压电路是根据电压调整元件与负载的连接方式不同而分的。（ ）

12. 串联型稳压电路中的电压调整管相当于一只可变电阻的作用。（ ）

13. 串联型稳压电路中，调整管工作在饱和区。（ ）

14. 串联型稳压电路的比较放大环节可采用多级放大电路。（ ）

15. 串联型稳压电路的稳压过程，实质是电压串联负反馈的自动调节过程。（ ）

三、选择题（将正确答案的序号填入括号中）

1. 稳压二极管是利用其伏安特性的（ ）特性进行稳压的。

A. 反向　　B. 反向击穿

C. 正向起始　　D. 正向导通

2. 稳压二极管是一种特殊的二极管，它一般工作在（ ）状态。

A. 正向导通　　B. 反向截止　　C. 反向击穿

3. 某只硅稳压二极管的稳定电压 $U_Z = 4$ V，其两端施加的电压分别为 5 V（正向偏置）和 −5 V（反向偏置）时，稳压二极管两端的最终电压分别为（ ）。

A. 5 V 和 −5 V　　B. −5 V 和 4 V

C. 4 V 和 −0.7 V　　D. 0.7 V 和 −4 V

4. 有两只 2CW15 型稳压二极管，一只稳压值为 8 V，另一只稳压值为 7.5 V，若把它们用不同的方式组合起来，可组成（ ）种不同的稳压值。

A. 3　　B. 2　　C. 5　　D. 6

5. 直流稳压电源中，采取稳压措施是为了（ ）。

A. 消除整流电路输出电压的交流分量

B. 将电网提供的交流电转化为直流电

C. 保持输出直流电压不受电网电压波动和负载变化的影响

6. 在硅稳压二极管组成的简单并联型稳压电路中，稳压二极管与负载（ ）。

A. 串联　　B. 并联

C. 有时串联，有时并联　　D. 混联

7. 在硅稳压二极管组成的简单并联型稳压电路中，R 的作用是（ ）。

A. 既限流又降压　　B. 既降压又调流

C. 既限流又调压　　D. 既调压又调流

8. 并联型稳压电路适用的场合是（ ），串联型稳压电路适用的场合是（ ）。

A. 输出电流较大（几百毫安至几安）、输出电压可调、稳定性能要求较高的场合

B. 输出电流不大（几毫安至几十毫安）、输出电压固定、稳定性能要求不高的场合

C. 输出电流较大（几百毫安至几安）、输出电压可调、稳定性能要求不高的场合

D. 输出电流较大（几百毫安至几安）、输出电压固定、稳定性能要求不高的场合

9. 串联型稳压电路的调整管工作在（　　）。

A. 截止区　　B. 饱和区　　C. 放大区　　D. 任意区

10. 下列各电路中，能保持 R_L 两端电压稳定的电路是（　　）。

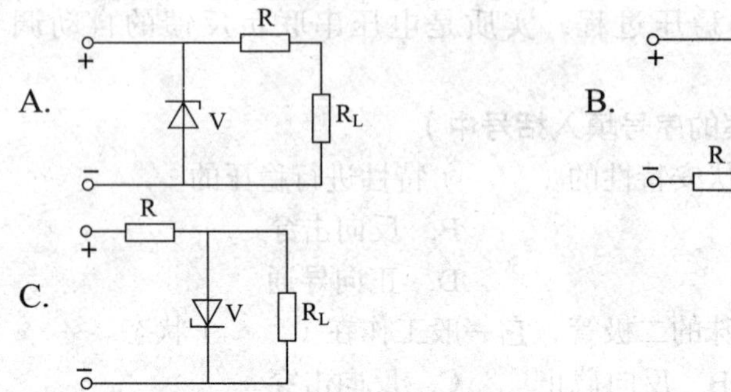

11. 三极管串联型稳压电路中取样电路的作用是（　　）。

A. 提供一个基本稳定的直流参考电压

B. 取出输出电压变动量的一部分

C. 自动调整管压降的大小

D. 取出输入电压变动量的一部分

12. 当输出端负载增加时，稳压电路的作用是（　　）。

A. 使输出电压随负载同步增长，保持输出电流不变

B. 使输出电压几乎不随负载的增长而变化

C. 使输出电压适当降低

D. 使输出电压适当升高

13. 在串联型稳压电路中，当取样电路中的可变电阻 RP 向下滑动时，输出电压（　　）。

A. 升高　　B. 降低　　C. 不变

14. 串联型稳压电路实际上是一种（　　）电路。

A. 电压串联型负反馈

B. 电压并联型负反馈

C. 电流并联型负反馈

D. 电流串联型负反馈

15. 稳压电路按调整元件与负载的连接方式不同，可以分为（　　）。

A. 串联型与并联型

B. 线性稳压电路与开关稳压电路

C. 储能型与非储能型

D. 固定输出型和可调输出型

四、综合题

1. 识读图 5–5 所示稳压电路，并完成下列题目：

（1）电阻 R 在电路中起什么作用？
（2）若 $R=0$，电路还是否有稳压作用？
（3）R 的大小对电路的稳压性能有何影响？
（4）若稳压二极管击穿损坏或断路对输出电压有什么影响？

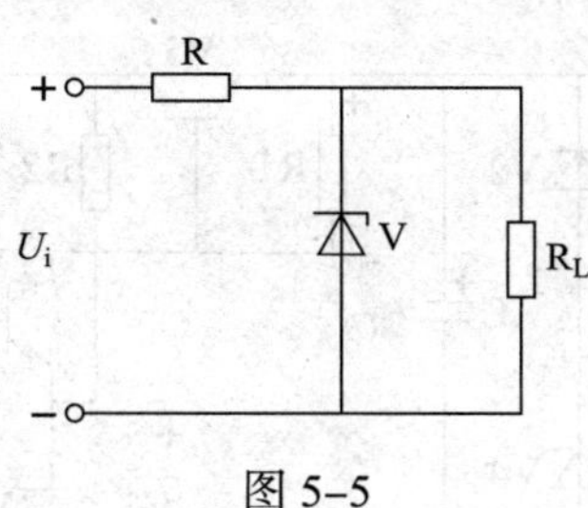

图 5–5

2. 某同学设计的稳压电路（要求输出电压极性为下正上负）如图 5–6 所示，试指出图中的错误，并说明应如何改正。

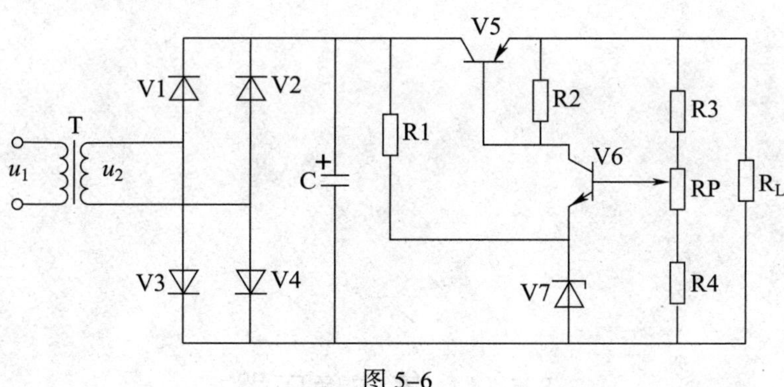

图 5–6

3. 直流电源电路如图 5–7 所示，已知 $U_o = 24$ V，稳压二极管稳压值 $U_Z = 5.3$ V，三极管的 $U_{BE} = 0.7$ V。试完成下列题目：

（1）估算变压器二次侧电压的有效值。

（2）若 $R_3 = R_4 = R_P = 300\ \Omega$，则 U_L 的可调范围有多大。

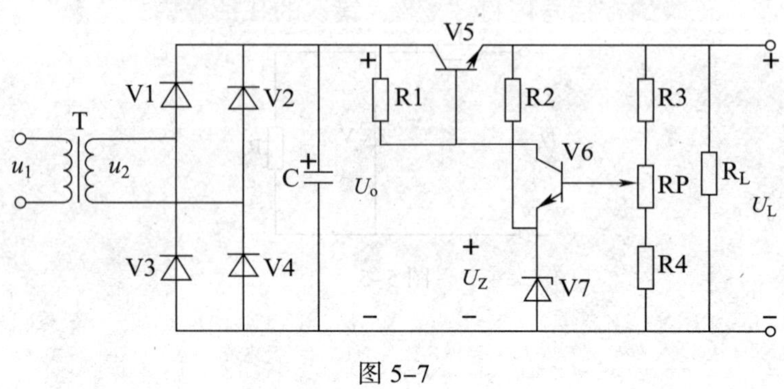

图 5–7

§5–4　集成稳压器

一、填空题（将正确的答案填写在横线上）

1. 三端固定输出稳压器的三端是指________、________和________三端。常用的 CW78××系列是输出固定________电压的稳压器，CW79××系列是输出固定________电压的稳压器。

2. 三端固定输出稳压器 CW7812 型号中的 C 表示________________，W 表

示________，输出电压为________V。

3. 三端可调输出稳压器的三端是指________、________和________三端。

4. 集成稳压器的主要参数有________________________、________________________、________和________________________。

二、判断题（正确的在括号内打“√”，错误的在括号内打“×”）

1. CW××系列三端集成稳压器中的调整管必须工作在开关状态。（　　）

2. 各种集成稳压器的输出电压均不可以调整。（　　）

3. 利用三端集成稳压器组成的稳压电路，其输出电压不能高于稳压器的最高输出电压。（　　）

4. 为获得更大的输出电流，可以把多个三端集成稳压器直接并联使用。（　　）

5. 三端集成稳压器的输出电压有正、负之分。（　　）

6. 由三端集成稳压器组成的稳压电路，输出电流只能小于或等于稳压器的最大输出电流。（　　）

7. 利用三端集成稳压器能够组成同时输出正、负电压的稳压电路。（　　）

三、选择题（将正确答案的序号填入括号中）

1. CW7812 型集成稳压器为（　　）。

A. 三端可调集成稳压器，输出电压为 −12 V

B. 三端固定集成稳压器，输出电压为 −12 V

C. 三端固定集成稳压器，输出电压为 12 V

D. 三端可调集成稳压器，输出电压为 12 V

2. 图 5–8 所示为集成稳压器的扩展输出电路，其输出电压 U_o 为（　　）V。

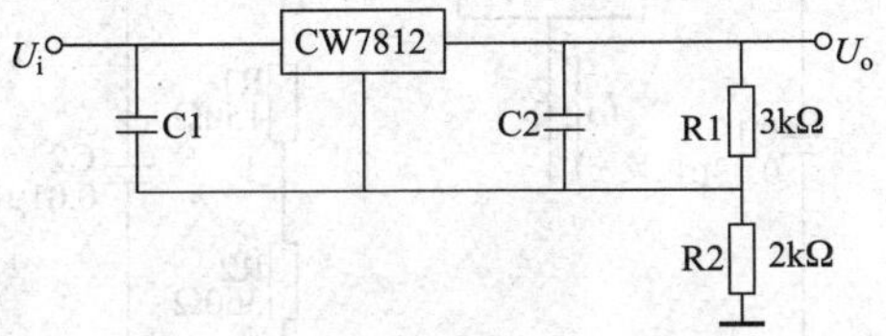

图 5–8

A. 20　　B. 24　　C. 18　　D. 12

3. 图 5–9 所示集成稳压器为（　　）。

A. 三端固定集成稳压器，输出电压为 7.8 V

B. 三端可调集成稳压器，输出电压为 −5 V

C. 三端可调集成稳压器，输出电压为 7.8 V

D. 三端固定集成稳压器，输出电压为 5 V

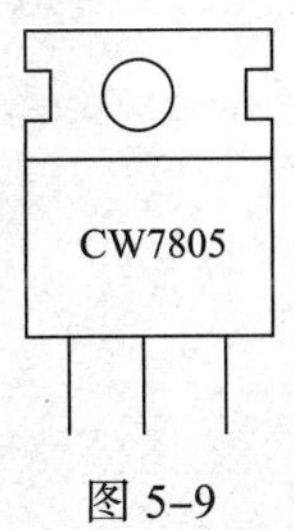

图 5–9

四、综合题

1. 如图 5–10 所示为用三端集成稳压器组成的直流稳压电路。试说明电路中各元器件的作用，并指出电路正常工作时的输出电压值。

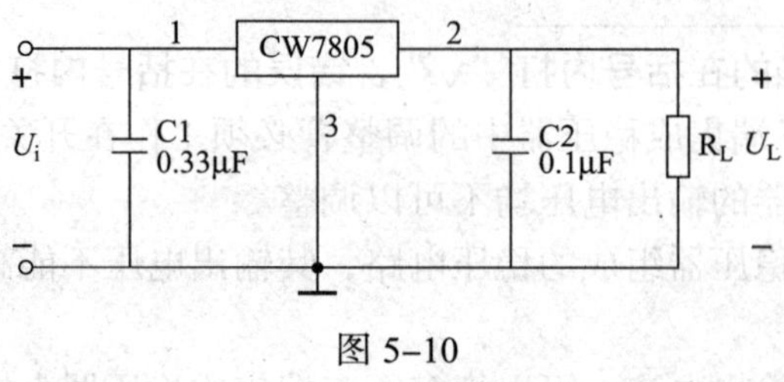

图 5–10

2. 由三端集成稳压器组成的稳压电路如图 5–11 所示，已知电流 $I_Q = 5$ mA，试求输出电压 U_L。

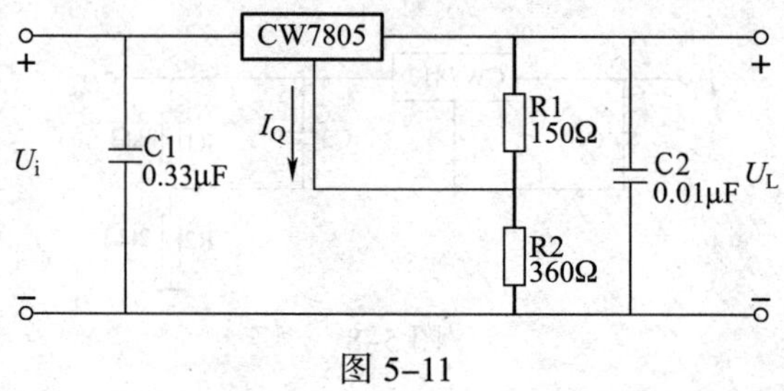

图 5–11

3. 试将如图 5–12 所示电子元器件连接成输出电压为 5 V 的直流稳压电路（设 U_i 足够大）。

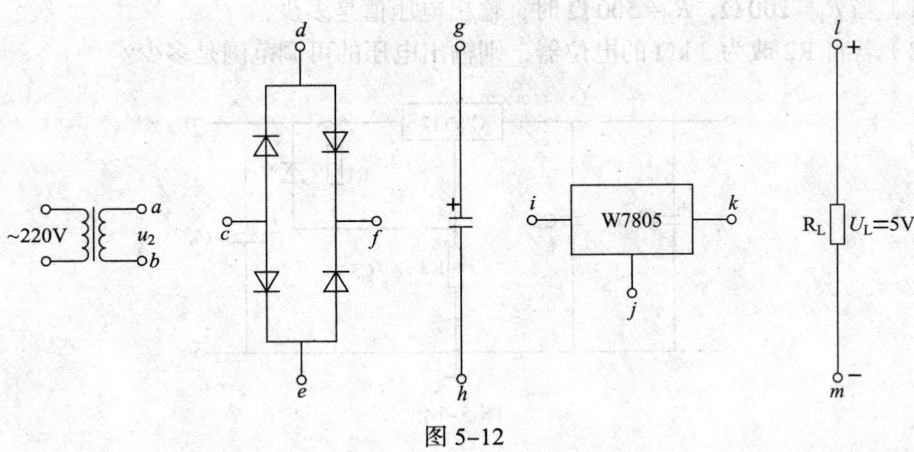

图 5–12

4. 求图 5–13 所示电路中输出电压 U_L 的可调范围。

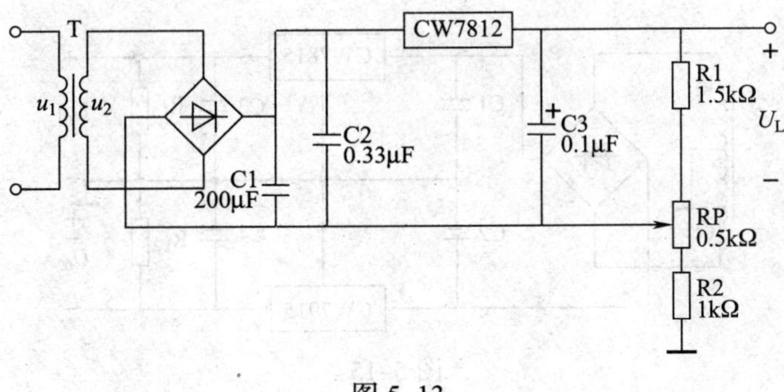

图 5–13

5. 由可调三端集成稳压器 CW117 组成的稳压电路如图 5–14 所示，其输出端和调整端之间的电压 $U_R = 1.25$ V，则：

（1）当 $R_1 = 200\ \Omega$，$R_2 = 500\ \Omega$ 时，输出电压值是多少？

（2）若将 R2 改为 3 kΩ 的电位器，则输出电压的可调范围是多少？

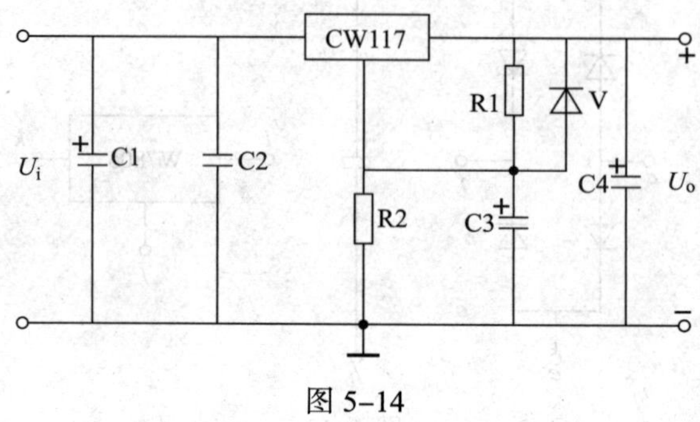

图 5–14

6. 图 5–15 所示为由三端集成稳压器 CW7815 和 CW7915 组成的双电压稳压电路，已知 $u_{21} = u_{22} = 20\sqrt{2}\sin\omega t$ V，试完成下列题目：

（1）在图中标明电容的极性。

（2）确定 U_{o1}、U_{o2} 的值。

（3）当负载 R_{L1}、R_{L2} 上电流均为 1 A 时，估算两稳压器上的功耗。

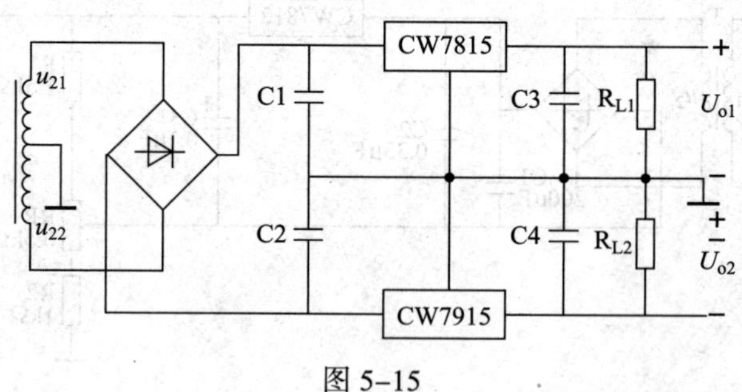

图 5–15

§5-5 开关稳压电源

一、填空题（将正确的答案填写在横线上）

1. 按开关管与负载之间的连接方式不同，开关稳压电源分为________和________两种。

2. 并联型开关稳压电源主要由________________、________________、____________、____________、____________和____________等组成。

3. 并联型开关稳压电源是因其____________与____________并联而得名。

4. 调整管饱和导通的时间受________________控制。

二、判断题（正确的在括号内打“√”，错误的在括号内打“×”）

1. 调整管开启时间越长，注入储能电路的能量越多，输出电压越高。（ ）

2. 线性稳压电源效率较高，一般可达 80%~90%；开关稳压电源效率较低，一般为 40%~60%。（ ）

三、选择题（将正确答案的序号填入括号中）

1. 并联型开关稳压电源中，作为储能元件的是（ ）。

A. 电阻　B. 电容　C. 电感　D. 二极管

2. 与开关稳压电源相比，下列选项中属于线性稳压电源特点的是（ ）。

A. 功耗小，效率高　B. 体积小，质量轻

C. 稳压性能好，稳压范围宽　D. 调整管一般需加散热器

3. 下列型号的开关稳压源中，不需要外接开关功率管的是（ ）。

A. CW1524　B. CW2524　C. CW3524　D. CW4960

四、综合题

开关稳压电源有哪些优点？

第六章　门电路及组合逻辑电路

§ 6–1　分立元件门电路

一、填空题（将正确的答案填写在横线上）

1. 在数字电路中通常用________和________表示某一事物的对立关系。

2. 用“1”表示高电平，“0”表示低电平，称为________；反之，称为________。

3. 数字电路中的三种基本运算是________、________、________，三种基本逻辑是________、________、________，三种基本门是________、________、________。

4. 由与、或、非三种基本门电路可以组合成________电路。

5. 一个班级中有五个班委委员，如果要开班委会，必须这五个班委委员全部同意才能召开，其关系属于________逻辑。

6. 在最基本的逻辑门电路中，利用二极管的开关特性构成的基本逻辑门电路是__________和__________，而利用三极管的开关特性构成的基本逻辑门电路是__________。

7. A、B 两个输入变量中只要有一个为“1”，输出就为“0”；当 A、B 均为“0”时，输出为“1”，则该逻辑运算称为________。

二、判断题（正确的在括号内打“√”，错误的在括号内打“×”）

1. 逻辑电路中，一律用“1”表示高电平，用“0”表示低电平。（　　）
2. 与门的逻辑功能是“有 1 出 1，全 0 出 0”。（　　）
3. 逻辑与表示逻辑乘。（　　）
4. 输入是“1”，输出也是“1”的电路，实质上是反相器。（　　）
5. 输入全是“1”时，输出为“1”的电路，是与门电路。（　　）
6. 逻辑“1”大于逻辑“0”。（　　）
7. 基本逻辑门电路是构成数字逻辑电路的基础。（　　）
8. 异或门的逻辑功能是“相同出 0，不同出 1”。（　　）
9. 常用的门电路中，判断两个输入信号是否相同的门电路是与非门。（　　）

三、选择题（将正确答案的序号填入括号中）

1. 与非门的逻辑功能是（　　）。

A. 全 1 出 0，有 0 出 1　　B. 全 0 出 1，有 1 出 0

C. 全 1 出 1，有 0 出 0　　D. 全 0 出 0，有 1 出 1

2. 能实现“有 0 出 1，全 1 出 0”逻辑功能的是（　　）门。

A. 与　　B. 或　　C. 与非　　D. 或非

3. 满足图 6–1 所示输入输出关系的门电路是（　　）门。

A. 与　　B. 或　　C. 与非　　D. 非

4. 满足图 6–2 所示输入输出关系的门电路是（　　）门。

A. 与　　B. 或　　C. 与非　　D. 非

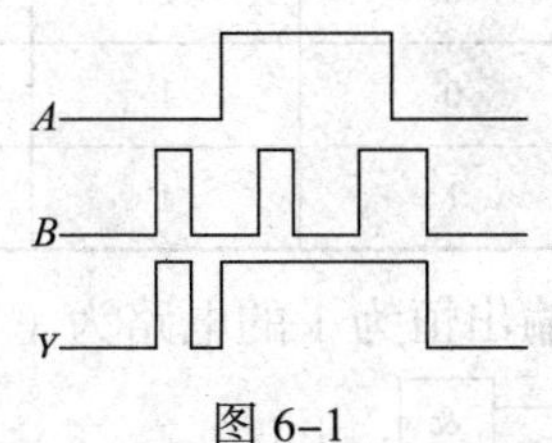

图 6–1

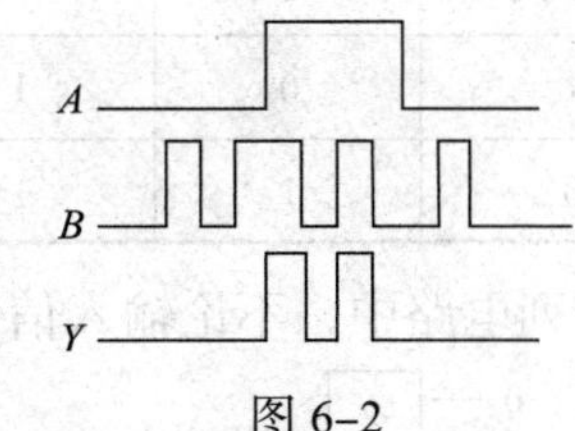

图 6–2

5. 满足与非逻辑关系的输入输出波形是（　　）。

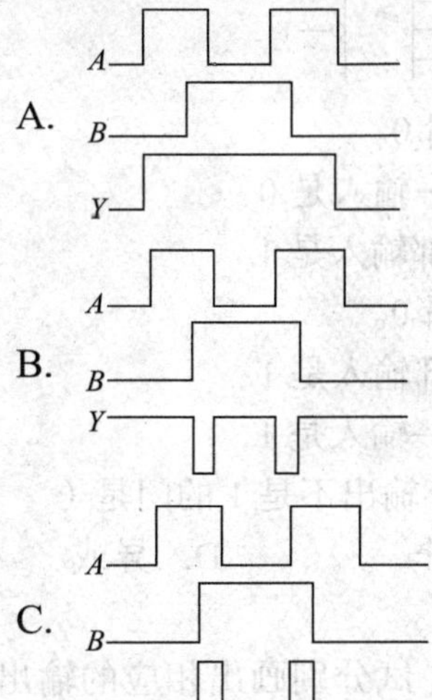

6. 只有当决定一件事的几个条件全部不具备时，这件事才不会发生，这种逻辑关系为（　　）逻辑。

A. 与　　B. 与非

C. 或　　D. 或非

7. 符合或逻辑关系的表达式是（　　）。

A. $1 + 1 = 2$　　B. $1 + 1 = 10$

C. $1 + 1 = 1$　　D. $1 + 1 = 0$

8. 符合表 6–1 所列真值表的是（　　）门电路。

A. 与　　B. 或

C. 非　　D. 与非

9. 符合表 6–2 所列真值表的是（　　）门电路。

A. 与　　B. 或

C. 非　　D. 与非

表 6-1

输入		输出
A	*B*	*P*
0	0	0
1	1	1
1	0	1
0	1	1

表 6-2

输入		输出
A	*B*	*P*
1	0	1
0	0	1
0	1	1
1	1	0

10. 下列电路中，不论输入信号 *A*、*B* 为何值，输出恒为 1 的电路为（　　）。

A. 0、*A*、*B* — & — *Y*　　B. 1、*A*、*B* — & — *Y*

C. 0、*A*、*B* — ≥1 — *Y*　　D. 1、*A*、*B* — ≥1 — *Y*

11. 在（　　）的情况下，与非运算的结果是逻辑 0。

A. 全部输入是 0　　B. 任一输入是 0

C. 仅一输入是 0　　D. 全部输入是 1

12. 在（　　）的情况下，或非运算的结果是逻辑 0。

A. 全部输入是 0　　B. 全部输入是 1

C. 任一输入是 0，其他输入是 1　　D. 任一输入是 1

13. 一个两输入端的门电路，当输入为 1 和 0 时，输出不是 1 的门是（　　）门。

A. 与非　　B. 或　　C. 或非　　D. 异或

四、综合题

1. 图 6-3 所示为三个门电路及其输入信号波形，试分别画出相应的输出信号波形。

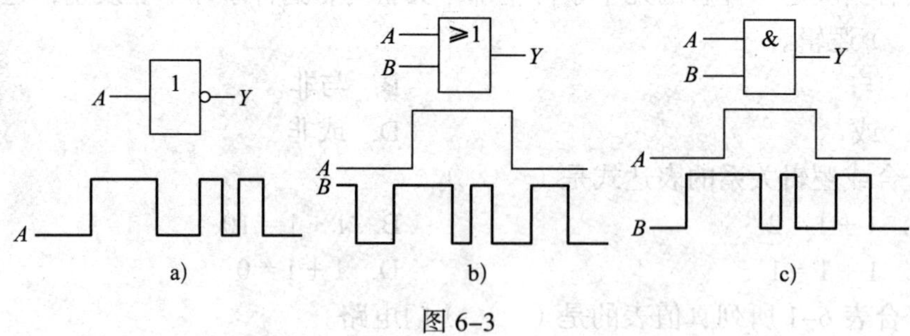

图 6-3

2. 根据图 6–4 所示逻辑符号和输入信号波形，画出相应的输出信号波形。

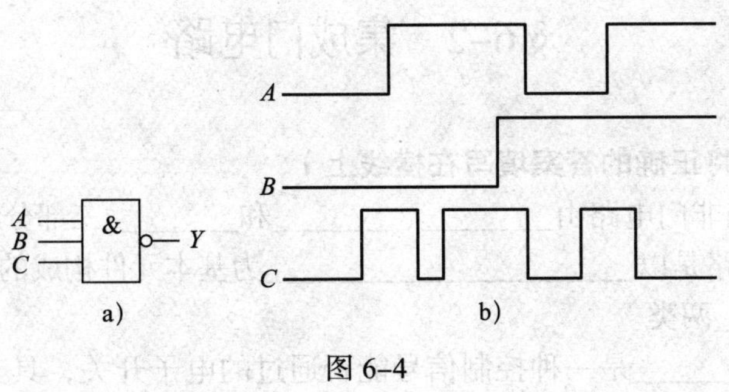

图 6–4

3. 根据图 6–5 所示门电路输入端 A、B、C 的电压波形，分别画出与门电路输出端 Y 的电压波形和与非门电路输出端 Y' 的电压波形。

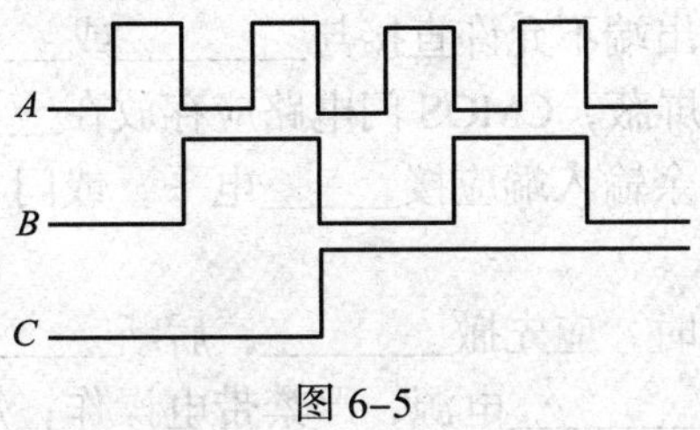

图 6–5

§6–2 集成门电路

一、填空题（将正确的答案填写在横线上）

1. TTL 集成与非门电路由________、________和________三部分组成。

2. MOS 门电路是以______________________为基本元件构成的，MOS 场效应管有________和________两类。

3. CMOS__________是一种控制信号能否通过的电子开关，具有_____________和__________要传送的信号电平通过的功能。

4. 集电极开路门的英文缩写为________门，工作时必须与电源间加一个__________。

5. 多个 OC 门输出端并联到一起可实现__________的功能。

6. TS 门称为________门，具有________状态、________状态和________状态。与普通与非门相比多了一个________端，主要用于实现多个数据或信号的________传输，总线可以是________传输，也可以是________传输。

7. TTL 门电路中的 OC 门和 TS 门输出端________并联使用，其他 TTL 门电路输出端__________并联使用，否则不仅会造成逻辑混乱，还会造成器件的________。

8. TTL 输入端接地相当于接________电平；输入端悬空，相当于接________电平。一般情况下，TTL 门的多余输入端不允许________，以防止受外界干扰。

9. TTL 门电路输出端________直接接电源或接地。

10. CMOS 门电路的多余输入端不能________，否则电路将受干扰，不能正常工作。

11. CMOS 门电路的输出端不允许直接与________或________连接。

12. 为了有良好的静电屏蔽，CMOS 门电路应存放在____________。

13. 与门、与非门的多余输入端应接______电平，或门、或非门的多余输入端应接______电平。

14. CMOS 门电路关机时，应先撤________，后断________；装接电路、改变电路连接或插接电路板时，均应________电源，严禁带电操作；焊接电路时，电烙铁功率不得大于________W，电烙铁外壳要良好接地，最好利用电烙铁的________快速焊接。

15. 用 TTL 门电路驱动 CMOS 门电路时，为了实现电平匹配，常在 TTL 门电路的输出端与电源之间接一个____________。几个相同功能的 CMOS 门电路并联使用时，其输入端并联，输出端________使用。

二、判断题（正确的在括号内打“√”，错误的在括号内打“×”）

1. TTL 集成与非门电路的输入级是以多发射极三极管为主。 (　　)

2. 标准的 TTL 数字集成电路的电源电压为 5 V。 (　　)

3. 常见的小规模数字集成电路是 TTL 集成门和 MOS 集成门两大系列。 (　　)

4. CMOS 门电路是由 PMOS 和 NMOS 管组成的互补对称型逻辑门电路。(　　)

5. CMOS 传输门的输入与输出不可以互换，所以传输门又称单向开关。 (　　)

6. CMOS 与非门和反相器相连可以组成一个双向模拟开关。 (　　)

7. TTL 与非门的多余输入端可以接固定高电平。（ ）
8. 当 TTL 与非门的输入端悬空时相当于输入为逻辑 1。（ ）
9. 普通逻辑门电路的输出端不可以并联在一起，否则可能会损坏器件。（ ）
10. CMOS 门电路的工作电压也是 5 V。（ ）
11. CMOS 或非门与 TTL 或非门的逻辑功能完全相同。（ ）
12. 一般 TTL 门电路的输出端可以直接相连，实现线与。（ ）
13. 一般 CMOS 门电路的输出端可以直接相连，实现线与。（ ）

三、选择题（将正确答案的序号填入括号中）。

1. CMOS 门电路内部是以（ ）为基本元件构成的。
   A. 二极管　　B. 三极管
   C. 场效应管　　D. 真空电子管
2. 下列集成电路中，属于单极型器件集成的是（ ）。
   A. TTL 集成电路　　B. HTL 集成电路
   C. CMOS 集成电路　　D. BTL 集成电路
3. CMOS 或非门的逻辑函数式是（ ）。
   A. $Y=\overline{A}$　　B. $Y=\overline{AB}$　　C. $Y=\overline{A+B}$　　D. $Y=\overline{A}+\overline{B}$
4. 三态门输出高阻状态时，下列说法中正确的是（ ）。
   A. 用电压表测量时指针不动　　B. 相当于悬空
   C. 电压不高不低　　D. 测量电阻时指针不动
5. 下列电路中，常用于总线传输的是（ ）门。
   A. TS　　B. OC　　C. 漏极开路　　D. CMOS 与非
6. 下列门电路中，（ ）的输出端可直接相连，实现线与。
   A. 一般 TTL 与非门　　B. 集电极开路 TTL 与非门
   C. 一般 CMOS 与非门　　D. 一般 TTL 或非门
7. 下列门电路中，属于双极型的是（ ）门。
   A. OC　　B. PMOS　　C. NMOS　　D. CMOS
8. 下列各 TTL 门电路中，$Y=0$ 的是（ ）。

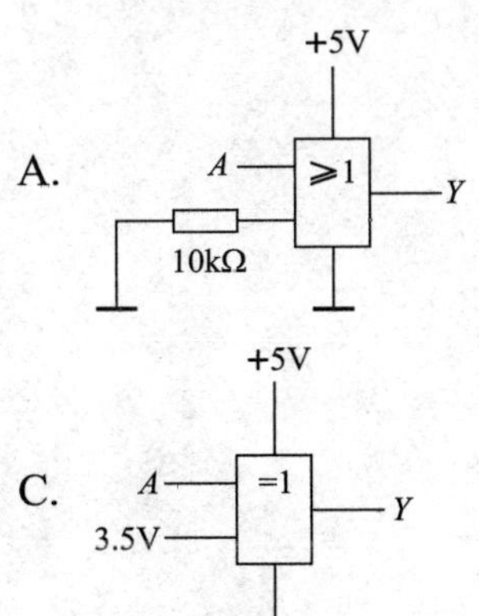

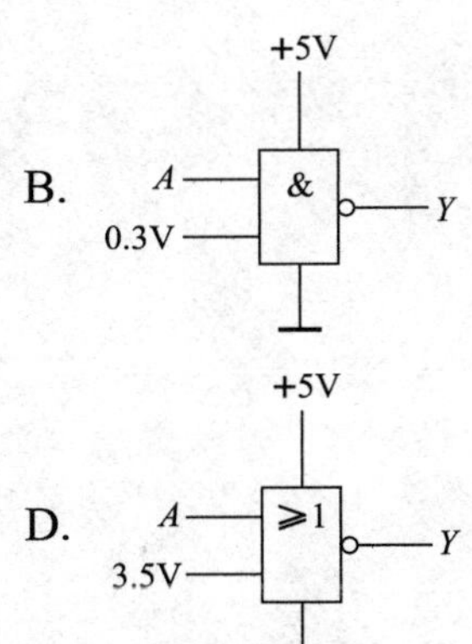

四、综合题

1. 与非门、或非门的多余输入端应如何处理？

2. 当 TTL 与非门按如图 6–6 所示方式连接时，其输出信号的逻辑电平分别为什么？将答案填入括号内。

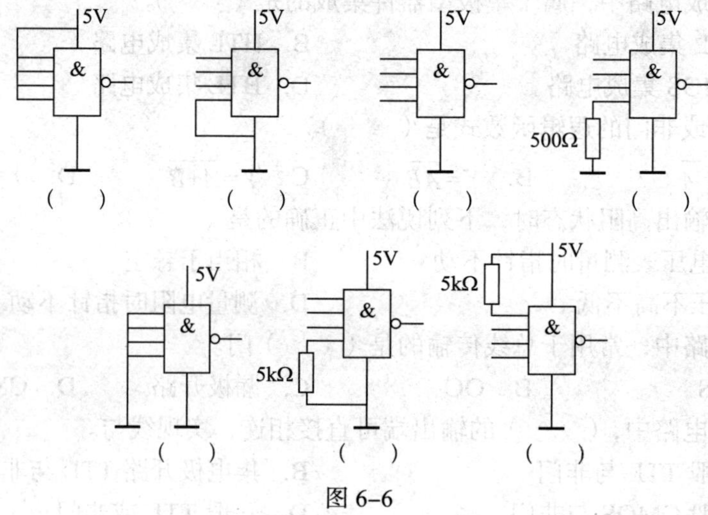

图 6–6

3. 用 OC 门时是否需要外接其他元件？是否允许将几个 OC 门的输出端短接？

4. 是否允许将多个三态门的输出端短接？若允许，有无条件限制？应用时应注意什么问题？

5. 判断图 6–7 所示各电路的接法是否正确，对的打“√”，错的打“×”。（除特殊说明外，均为 TTL 电路。）

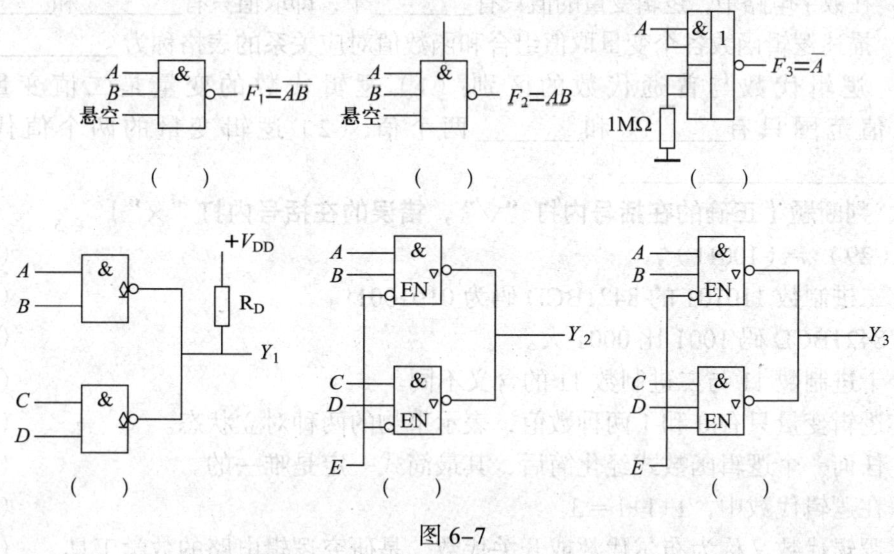

图 6–7

§ 6–3 逻辑代数基础

一、填空题（将正确的答案填写在横线上）

1. 使用数码的个数称为________。在二进制数中，只使用了____、____两个数码，所以________是 2，计数规律是____________。

2. 十进制数有 10 个数码，基数为______，十进制数的计数规律是__________。

3. 二进制化为十进制采用____________法，十进制化为二进制采用____________________________法。

4. 将十进制数 175 转换成二进制数为______________。

5. $(39)_{10}$=（______）$_2$；$(87)_{10}$=（______________）$_{8421BCD}$=（_________）$_2$。

6. 一个二进制数有______和______两个代码，可表示两个信息，*n* 位二进制代码可以表示_______个不同的信息。

7. BCD 码的含义是________________________________，最常用的 BCD 码是__________。

8. 十进制数 68 的二进制码是____________，8421BCD 码是____________，余 3 码是____________。

9. 二进制码 11011110 表示的十进制数为__________，相应的 8421BCD 码为__________。

10. 逻辑函数的表示方法有________________________、___________和______________。

11. 逻辑图是由________或________等逻辑符号及它们之间的________所构成的图形。

12. 在数字电路中，逻辑变量的值只有________个，即取值只有________和________。

13. 描述逻辑函数各个变量取值组合和函数值对应关系的表格称为__________。

14. 逻辑代数与普通代数的区别：（1）逻辑代数的变量是二值变量，它们的取值范围只有________和________两个值；（2）逻辑变量的两个值代表的是_________________________。

二、判断题（正确的在括号内打“√”，错误的在括号内打“×”）

1. $(29)_{10}$=$(10011)_2$。（　　）

2. 二进制数 110101 的 8421BCD 码为 01010011。（　　）

3. 8421BCD 码 1001 比 0001 大。（　　）

4. 十进制数 11 与二进制数 11 的含义不同。（　　）

5. 逻辑变量只有 0 和 1 两种数值，表示事物的两种对立状态。（　　）

6. 任何一个逻辑函数式经化简后，其最简式一定是唯一的。（　　）

7. 在逻辑代数中，1+1+1 = 3。（　　）

8. 逻辑代数又称为布尔代数或开关代数，是研究逻辑电路的数学工具。（　　）

9. 任何一个逻辑电路的输入和输出状态的逻辑关系都可用逻辑函数式表示；反之，任何一个逻辑函数式总可以用逻辑电路与之对应。（　　）

10. 逻辑变量的取值只有两种可能。（　　）

11. $A+B = A+C$，则 $B = C$。（　　）

12. 若两个函数具有相同的真值表，则这两个逻辑函数必然相等。（　　）

13. 若 $A \cdot B = A+B$，则 $A = B$。（　　）

三、选择题（将正确答案的序号填入括号中）

1. 将二进制数 10010101 转换为十进制数，正确的是（　　）。

A. 149　　B. 269　　C. 267　　D. 147

2. 将十进制数 99 转换为二进制数，正确的是（　　）。

A. 01010011　　B. 01010101　　C. 01100011　　D. 10101010

3. 十进制数 25 用 8421BCD 码表示为（　　）。

A. 10101　　B. 00100101　　C. 100101　　D. 1000101

4. 最常用的 BCD 码是（　　）。

A. 奇偶校验码　　B. 格雷码　　C. 8421 码　　D. 余 3 码

5. 用 8421 码表示的十进制数 45，可以写成（　　）。

A. 45　　B. $(101101)_{8421BCD}$

C. $(01000101)_{8421BCD}$　　D. $(101101)_2$

6. 当 $A=B=0$ 时，能实现 $Y=1$ 的逻辑运算为（　　）。

A. $Y=A\cdot B$　　B. $Y=A+B$　　C. $Y=A\oplus B$　　D. $Y=\overline{A+B}$

7. 下列关于异或运算的式子中，不正确的是（　　）。

A. $A\oplus A=0$　　B. $A\oplus\overline{A}=0$

C. $A\oplus 0=A$　　D. $A\oplus 1=\overline{A}$

8. 下列表达式中正确的是（　　）。

A. $1\cdot 0=1$　　B. $1+0=0$　　C. $1+A=A$　　D. $1+1=1$

9. 若 A、B、C 均为逻辑变量，则 $A+BC$ 等于（　　）。

A. $AB+AC$　　B. $A+(\overline{B}+\overline{C})$

C. $(A+B)(A+C)$　　D. $BC+\overline{A}C+\overline{B}C$

10. 逻辑函数 $Y=ABC+\overline{A}C+\overline{B}C$ 的最简式为（　　）。

A. $Y=C$　　B. $Y=BC+\overline{A}C+\overline{B}C$

C. $Y=ABC+\overline{A}C+\overline{B}C$　　D. $Y=1$

11. 与逻辑函数式 $Y=AB+\overline{A}C$ 相等的表达式为（　　）。

A. $Y=AB+C$　　B. $Y=AB+\overline{A}C+BCD$

C. $Y=A+BC$　　D. $Y=ABC$

12. 逻辑函数式 $A+A$ 简化后的结果是（　　）。

A. $2A$　　B. A　　C. 1　　D. A^2

13. 逻辑函数式 $Y=EF+\overline{E}+\overline{F}$ 的逻辑值为（　　）。

A. EF　　B. $\overline{EF}$　　C. 0　　D. 1

14. 下列选项中，逻辑函数式化简结果错误的是（　　）。

A. $A+1=A$　　B. $A+AB=A$　　C. $A\cdot 1=A$　　D. $A\cdot A=A$

15. 逻辑函数式 $Y=\overline{E+F+G}$ 可以写成（　　）。

A. $Y=\overline{E}+\overline{F}+\overline{G}$　　B. $Y=\overline{E}\cdot\overline{F}\cdot\overline{G}$

C. $Y=\overline{EFG}$　　D. $Y=E+F+G$

16. 逻辑函数式 $Y=ABC+\overline{A}+\overline{B}+\overline{C}$ 的逻辑值为（　　）。

A. ABC　　B. 0　　C. 1　　D. $\overline{ABC}$

17. 若逻辑函数 $E=A\oplus B$，$F=A\odot B$，则它们的函数关系满足（　　）。

A. $E=F$　　B. $E=F+1$　　C. $E=\overline{F}$　　D. $E=F\odot 1$

四、计算题

1. 将下列十进制数转换成二进制数。

（1）5　　（2）8

（3）36　　（4）235

（5）1782

2. 将下列二进制数转换成十进制数。

（1）101

（2）1011

（3）11010

（4）11000011

（5）11101

（6）101010

（7）100001

（8）11001100

3. 已知 $A=1$、$B=0$、$C=0$，试求下列逻辑函数式的值。

（1）$Y=A+\overline{B}C$

（2）$Y=A\overline{BC}$

（3）$Y=A(\overline{B}+C)$

（4）$Y=\overline{\overline{A}B+A\overline{C}}$

4. 用与非门元件实现下列逻辑函数式。

（1）$Y=A+B$

（2）$Y=AB+AC$

（3）$Y=\overline{AB+CD}$

（4）$Y=(A+B)(A+C)$

五、综合题

1. 用逻辑代数的基本定律证明下列等式。

（1）$A(\overline{A}+B)=AB$

（2）$AB+A\overline{B}+\overline{A}B=A+B$

（3）$\overline{A}B+\overline{B}C+\overline{A}C=\overline{A}B+\overline{B}C$

（4）$A\overline{C}+\overline{A}\,\overline{B}+\overline{A}\,\overline{C}+\overline{B}\,\overline{C}=\overline{B}+\overline{C}$

（5）$ABC+A\overline{B}C+AB\overline{C}=AB+AC$

（6）$AB+A\overline{B}+\overline{A}B=1$

（7）$(A+B)(\overline{A}+B)=B$

2. 用代数法将下列逻辑函数式化为最简表达式。

（1）$Y=AB+\overline{A}BC+BC$

（2）$Y=B+\overline{A}BC+BC$

（3）$Y=\overline{A}\,\overline{B}C+\overline{A}BC+ABC+AB\overline{C}$

（4）$Y=\overline{A}+\overline{B}+AB$

（5）$Y=AB+\overline{A}\,\overline{C}+B\overline{C}$

（6）$Y=A(\overline{A}+B)+B(B+C)+B$

3. 根据下列逻辑函数式，画出相应的逻辑图。

（1）$Y=AB+BC$

（2）$Y=(A+B)(A+C)$

（3）$Y=A(B+C)+BC$

（4）$Y=A\overline{B}+A\overline{C}+\overline{A}BC$

4. 写出图 6–8 所示电路的逻辑函数式。

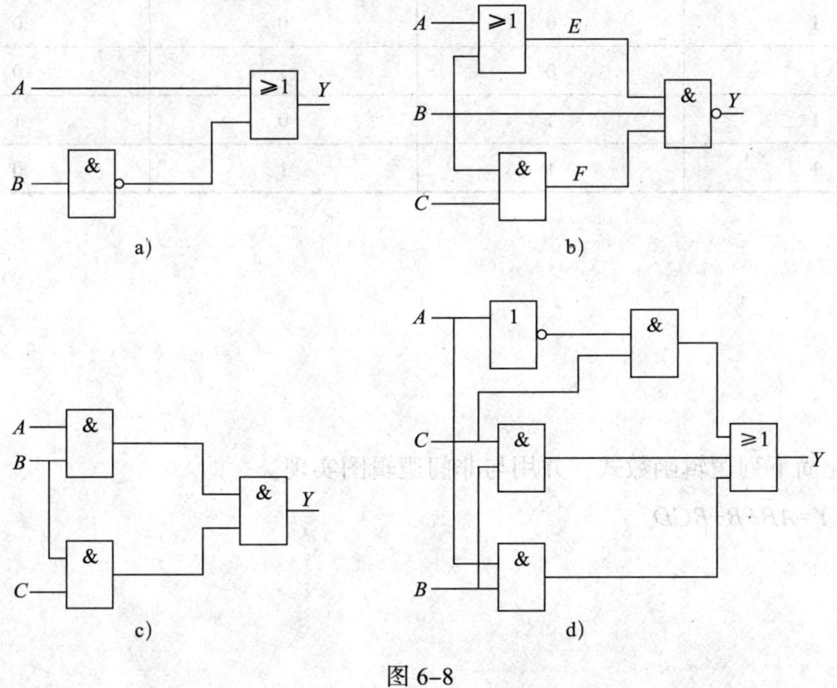

图 6–8

5. 根据表 6–3 所列真值表写出逻辑函数 Y 的逻辑函数式。

表 6–3

输入			输出
A	B	C	Y
0	0	0	1
0	0	1	0
0	1	0	0
0	1	1	0
1	0	0	0
1	0	1	0
1	1	0	1
1	1	1	0

6. 化简下列逻辑函数式，并用与非门逻辑图实现。

（1）$Y=A\overline{B}+B+BCD$

（2）$Y=A\overline{B}C+ABC+AB\overline{C}+\overline{A}BC$

7. 根据表 6–4 所列真值表写出逻辑函数式，化简此函数式并画出其逻辑图。

表 6–4

输入			输出
A	B	C	Y
0	0	0	0
0	0	1	1
0	1	0	1
0	1	1	0
1	0	0	0
1	0	1	1
1	1	0	0
1	1	1	1

8. 用真值表证明下列等式。

（1）$\overline{A+B+C}=\overline{A}\cdot\overline{B}\cdot\overline{C}$

（2）$(A\oplus B)\oplus C=A\oplus(B\oplus C)$

（3）$\overline{A}B+A\overline{B}=(\overline{A}+\overline{B})(A+B)$

§6–4　组合逻辑电路

一、填空题（将正确的答案填写在横线上）

1. 组合逻辑电路的特点是该电路在任一时刻的输出状态取决于该时刻电路的________，与信号作用前电路的________无关；时序逻辑电路在某一时刻的输出状态不仅与该时刻的__________有关，还和电路在此输入信号作用前的________有关。

2. 常用的组合逻辑电路是________和________。

3. 四位二进制编码器有________个输入端，________个输出端。

4. BCD码编码器能将________进制数码编成________进制代码。

5. 编码器按输出代码种类不同，可分为____________________和________________________。

6. 对30个信号进行编码，采用二进制编码需________位输出。

7. 在编码电路中，用 n 位二进制数可表示________个状态，对十进制的十个数字0~9进行编码，需要________位二进制数。

8. 要对 16 个输入信号进行编码，至少需要__________位二进制数。

9. 当多个信号同时输入时，优先编码器只对________________的一个进行编码。

10. 8 线—3 线优先编码器 74LS148 有________个输入端，________个输出端。

11. 译码器又称为________器，其功能与________相反，可分为________译码器和________译码器，此外还有一种常用的________译码器。

12. 3 线—8 线译码器 74LS138 处于译码状态时，当输入 $A_2A_1A_0=001$ 时，输出 $\overline{Y}_7 \sim \overline{Y}_0=$___________。

13. 数字显示器一般应与________、________、________等配合使用。

二、判断题（正确的在括号内打“√”，错误的在括号内打“×”）

1. 常用的计算机键盘是由译码器组成的。（ ）

2. 优先编码器中，允许几个信号同时加到输入端，所以编码器能同时对几个输入信号进行编码。（ ）

3. 常见的 8 线—3 线编码器有 8 个输出端，3 个输入端。（ ）

4. 输出 n 位代码的二进制编码器，最多可以有 2^n 个输入信号。（ ）

5. 8 线—3 线编码器的任一时刻只能有一个输入端有效。（ ）

6. 8421BCD 编码器是最常用的二—十进制编码器之一。（ ）

7. 在优先编码器中，几个输入信号同时到来时，数字大的信号总是被优先编码。（ ）

8. 二—十进制译码器的功能与二—十进制编码器的功能正好相反。（ ）

9. 电子手表常采用七段数码显示器。（ ）

10. 译码器输出的都是数字。（ ）

三、选择题（将正确答案的序号填入括号中）

1. 分析组合逻辑电路的目的是要得到（ ）。

A. 逻辑电路图　　B. 逻辑电路功能

C. 逻辑函数式　　D. 逻辑电路真值表

2. 设计组合逻辑电路的目的是要得到（ ）。

A. 逻辑电路图　　B. 逻辑电路功能

C. 逻辑函数式　　D. 逻辑电路真值表

3. 欲表示十进制数的十个数码，需要二进制数码的位数是（ ）位。

A. 2　　B. 4　　C. 3　　D. 1

4. 在编码电路中，对十进制数 0~9 进行编码，需要二进制的位数为（ ）位。

A. 4　　B. 3　　C. 2　　D. 1

5. 74LS138 是（ ）译码器的型号。

A. 3 线—8 线　　B. 4 线—10 线

C. 二—十进制　　D. 2 线—4 线

6. 用 0、1 两个数码对 100 个信息进行编码，至少需要（ ）位。

A. 8　　B. 7　　C. 9　　D. 6

7. 输入 n 位二进制代码的二进制译码器的输出端有（ ）个。

A. n^2　　B. n　　C. 2^n　　D. $2n$

8. 为了使 74LS138 正常工作，使能端 ST_A、$\overline{ST_B}$、$\overline{ST_C}$ 的电平应是（　　）。

A. 110　　B. 100　　C. 111　　D. 011

9. 七段显示译码器的输出 $Y_a \sim Y_g$ 为 0010010 时显示数（　　）。

A. 9　　B. 5　　C. 2　　D. 0

10. 七段显示译码器是指（　　）的电路。

A. 将二进制代码转换成 0~9

B. 将 BCD 码转换成七段显示字形信号

C. 将 0~9 转换成 BCD 码

D. 将七段显示字形信号转换成 BCD 码

四、综合题

1. 已知某组合逻辑电路的输入信号 A、B、C 及输出信号 Y 的波形如图 6-9 所示，设高电平为 1，低电平为 0，试列出真值表，并写出 Y 的最简与或表达式。

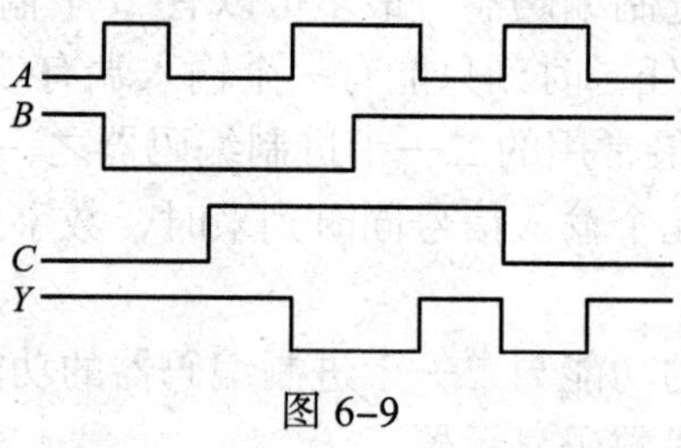

图 6-9

2. 已知某组合逻辑电路如图 6–10 所示，试写出其最简与或表达式，列出真值表，并说明其逻辑功能。

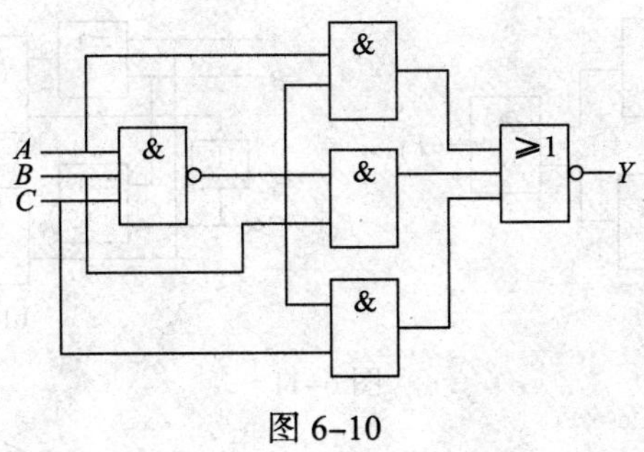

图 6–10

3. 分析如图 6-11 所示的两个逻辑电路，写出其逻辑函数式，列出真值表，并说明这两个电路的逻辑功能是否相同。

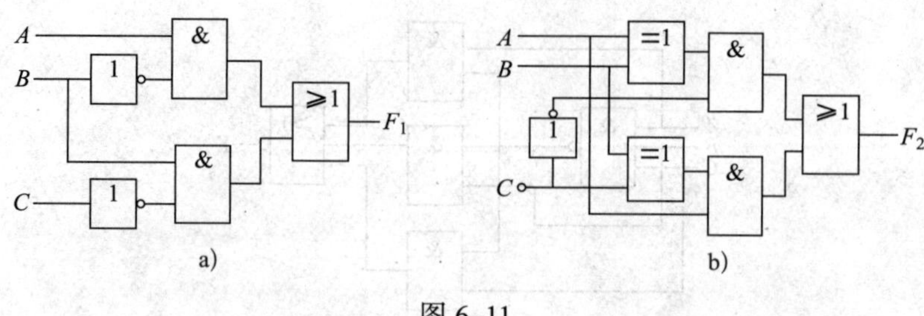

图 6-11

4. 写出如图 6–12 所示电路输出信号的逻辑函数式，并说明电路的逻辑功能。

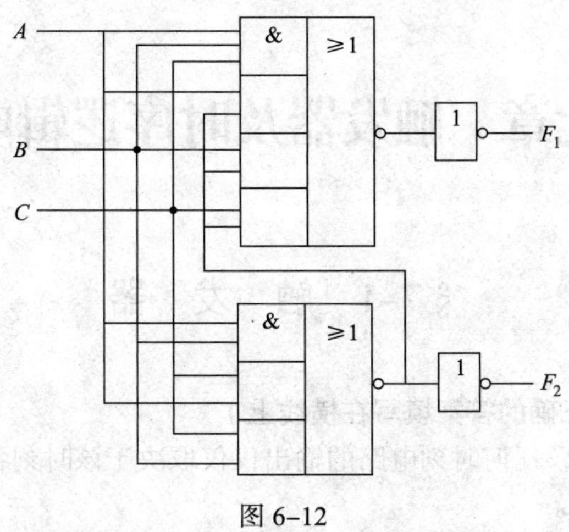

图 6–12

第七章　触发器及时序逻辑电路

§7-1　触　发　器

一、填空题（将正确的答案填写在横线上）

1. 在数字电路中，任何时刻电路的输出仅仅取决于该时刻各个输入变量取值的电路称为____________。

2. 时序逻辑电路的输出状态不仅与__________________有关，还与电路____________有关，在输入信号消失后，能________该信号对电路的影响。与组合逻辑电路在电路结构上的区别是时序逻辑电路中接有________单元。

3. 常用触发器按逻辑功能分为________触发器、________触发器、________触发器、________触发器和________触发器。

4. RS 触发器结构最为简单，它是构成各种复杂结构触发器的____________。

5. 触发器有________个稳定状态，存储 4 位二进制信息要________个触发器。

6. 通常规定，触发器 Q 端的状态为触发器状态，如 Q=0，$\overline{Q}$=1 时称为触发器________态；Q=1 和 $\overline{Q}$=0 时称为触发器________态。

7. 与非门构成的基本 RS 触发器中，$\overline{\mathrm{R_D}}$ 端、$\overline{\mathrm{S_D}}$ 端为电平触发。$\overline{\mathrm{R_D}}$ 端触发时，触发器状态为________态，因此 $\overline{\mathrm{R_D}}$ 端称为________端或________端；$\overline{\mathrm{S_D}}$ 端触发时，触发器状态为________态，因此 $\overline{\mathrm{S_D}}$ 端称为________端或________端。$\overline{R_D}$ 和 $\overline{S_D}$ 不能同时为________。

8. 时钟脉冲只决定触发器状态转换的________，而触发器为何种状态要受触发器____________的控制，触发脉冲结束后，其状态将____________。

9. 同步 RS 触发器在____________作用下，可完成与基本 RS 触发器一样的逻辑功能。

10. 同步 RS 触发器中，$\overline{\mathrm{R_D}}$ 端称为________端，$\overline{\mathrm{S_D}}$ 端称为________端。

11. 在一个 CP 脉冲作用下，引起触发器两次或多次翻转的现象称为触发器的________，利用边沿触发器可解决该问题。按触发方式不同，边沿触发器可分为____________和____________两种。

12. JK 触发器的逻辑功能为________、________、________和________。

13. 将 JK 触发器的两个输入端接在一起，就构成了________触发器，其逻辑功能为________和________。

14. JK 触发器中，若 J=______，K=______，则实现计数功能。

15. JK 触发器正常工作时，其$\overline{R_D}$和$\overline{S_D}$端应接______电平。

16. JK 触发器的特性方程是________________，它具有_______、_______、_______和_______功能。

17. T 触发器的特性方程是______________。

18. T′ 触发器的特性方程是______________。

二、判断题（正确的在括号内打“√”，错误的在括号内打“×”）

1. 时序逻辑电路在某一时刻的输出状态取决于该时刻的输入信号，与原输入信号无关。（ ）

2. 触发器进行复位后，其两个输出端均为 0。（ ）

3. 触发器与组合逻辑电路都没有记忆能力。（ ）

4. 基本 RS 触发器可由两个与非门交叉耦合构成，也可由两个或非门交叉耦合构成。（ ）

5. 基本 RS 触发器要受时钟脉冲控制。（ ）

6. Q^{n+1} 表示触发器原来所处的状态，即现态。（ ）

7. 由与非门组成的基本 RS 触发器在 $\overline{R}=0$ 、$\overline{S}=0$ 时，触发器置 1。（ ）

8. 当 CP 处于下降沿时，触发器的状态一定会发生翻转。（ ）

9. 基本 RS 触发器的 $\overline{R}=1$ 、$\overline{S}=1$ 时，可认为输入端悬空，没有加入输入信号，此时具有记忆功能。（ ）

10. 基本 RS 触发器与同步 RS 触发器的逻辑功能均为置 0、置 1 和保持。（ ）

11. 同步 RS 触发器的$\overline{R_D}$、$\overline{S_D}$端不受时钟脉冲控制就能置 0 或置 1。（ ）

12. 同步 RS 触发器存在空翻现象，而边沿触发器可以克服空翻。（ ）

13. 时序逻辑电路必包含触发器。（ ）

14. 基本 RS 触发器要受时钟脉冲控制。（ ）

三、选择题（将正确答案的序号填入括号中）

1. 以下表述正确的是（ ）。

   A. 组合逻辑电路和时序逻辑电路都具有记忆功能
   B. 组合逻辑电路和时序逻辑电路都没有记忆功能
   C. 组合逻辑电路有记忆功能，而时序逻辑电路没有记忆功能
   D. 组合逻辑电路没有记忆功能，而时序逻辑电路有记忆功能

2. 基本 RS 触发器中，输入端$\overline{R_D}$和$\overline{S_D}$不能同时出现的状态是（ ）。

   A. $\overline{R_D}=\overline{S_D}=0$　　B. $\overline{R_D}=0$，$\overline{S_D}=1$
   C. $\overline{R_D}=\overline{S_D}=1$　　D. $\overline{R_D}=1$，$\overline{S_D}=0$

3. RS 触发器不具有（ ）功能。

   A. 保持　　B. 翻转　　C. 置 1　　D. 置 0

4. 触发器电路中，利用$\overline{S_D}$端、$\overline{R_D}$端可以根据需要预先将触发器（ ）。

   A. 置 1　　B. 置 0　　C. 置 1 或置 0　　D. 没有任何用处

5. 触发器工作时，时钟脉冲是（　　）信号。

A. 输入　　B. 清零　　C. 抗干扰　　D. 控制

6. 同步 RS 触发器在 $CP=1$ 期间，当 R 和 S 的变化同时由（　　）时，会出现状态不定的情况。

A. $10 \rightarrow 00$　　B. $11 \rightarrow 00$　　C. $00 \rightarrow 11$　　D. $10 \rightarrow 01$

7. 功能最为齐全，通用性最强的触发器为（　　）触发器。

A. RS　　B. JK　　C. T　　D. D

8. 某个寄存器中有 8 个触发器，它可存放（　　）位二进制数。

A. 2　　B. 3　　C. 8　　D. 2^8

9. 下列触发器中，克服了空翻现象的是（　　）。

A. 基本 RS 触发器　　B. 同步 RS 触发器

C. 边沿触发器　　D. 以上触发器均可

10. 对于 JK 触发器，正确的说法是（　　）。

A. $J=0$、$K=1$ 时，触发器置 1

B. $J=1$、$K=1$ 时，触发器具有保持功能

C. 具有置 0、置 1 和保持功能，无计数功能

D. $J=K$ 时，JK 触发器相当于 T 触发器

11. JK 触发器不具备（　　）功能。

A. 置 0　　B. 置 1　　C. 计数　　D. 模拟

12. JK 触发器的输入端 J 和 K 都接高电平时，如果原状态为 $Q^n=0$，则其新状态应为（　　）。

A. 0　　B. 1　　C. 高阻　　D. 不定

13. JK 触发器的特征方程为（　　）。

A. $Q^{n+1}=J\overline{Q^n}+\overline{K}Q^n$　　B. $Q^{n+1}=\overline{J}Q^n+K\overline{Q^n}$

C. $Q^{n+1}=\overline{J}\overline{Q^n}+KQ^n$　　D. $Q^{n+1}=JQ^n+\overline{K}\overline{Q^n}$

14. 当（　　）时，每来一个 CP 脉冲，JK 触发器的状态都要改变一次。

A. $J=0$、$K=0$　　B. $J=0$、$K=1$

C. $J=1$、$K=0$　　D. $J=1$、$K=1$

15. （　　）触发器是 JK 触发器在 $J \neq K$ 条件下的特殊电路。

A. D　　B. T　　C. RS

16. （　　）触发器是 JK 触发器在 $J=K$ 条件下的特殊电路。

A. D　　B. T　　C. RS

17. T 触发器是一种可控制的（　　）触发器。

A. 计数　　B. 不计数　　C. 基本

18. 当 D 触发器的 $D=1$ 时，输入一个 CP 脉冲，其逻辑功能是（　　）。

A. 置 1　　B. 清 0

C. 保持　　D. 翻转

四、绘图题

1. 设与非门组成的基本 RS 触发器的输入信号波形如图 7–1 所示，试在输入信号波形下方画出 Q 和 $\overline{Q}$ 端的信号波形。假设触发器的初始状态 $Q=0$。

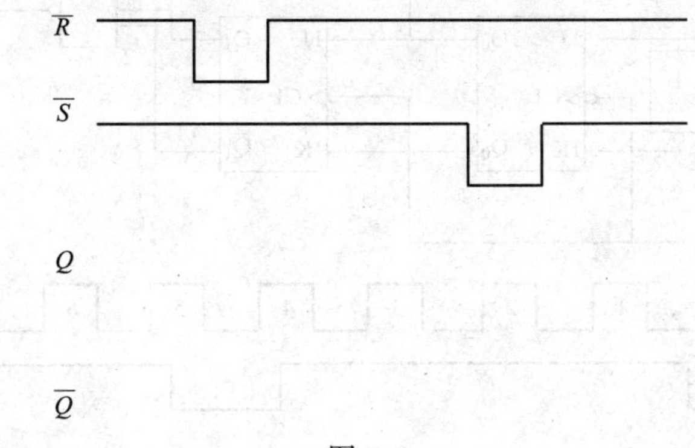

图 7–1

2. 已知同步 RS 触发器的 S、R、CP 端的波形如图 7–2 所示，试在其下方画出 Q 端的信号波形。假设触发器的初始状态为 $Q=0$。

图 7–2

3. 边沿 JK 触发器的输入波形如图 7–3 所示，试在输入波形下方画出 Q 和 $\overline{Q}$ 端的波形。假设触发器的初始状态 $Q=0$。

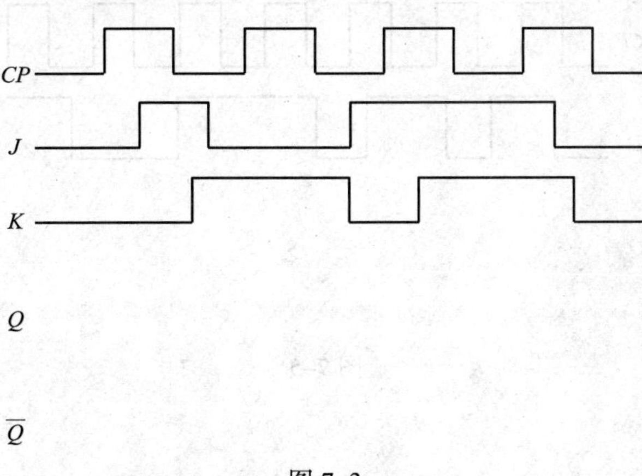

图 7–3

4. 电路及输入波形如图 7–4 所示，触发器初始状态均为 0，试画出 Q_0、Q_1、F 端的波形。

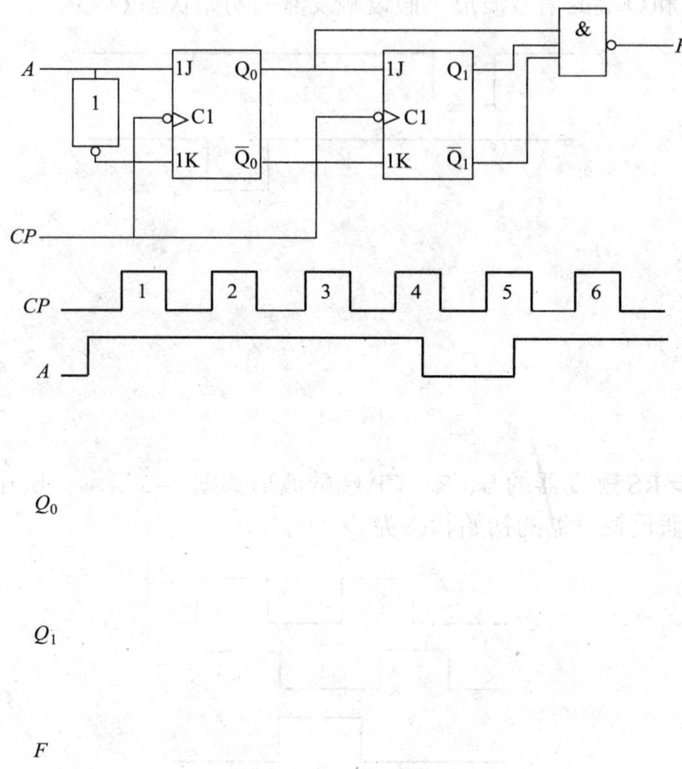

图 7–4

5. 下降沿触发的 D 触发器的 CP 端和 D 端的波形如图 7–5 所示，试在其下方画出输出端 Q 的波形。设 D 触发器的初始状态为 0。

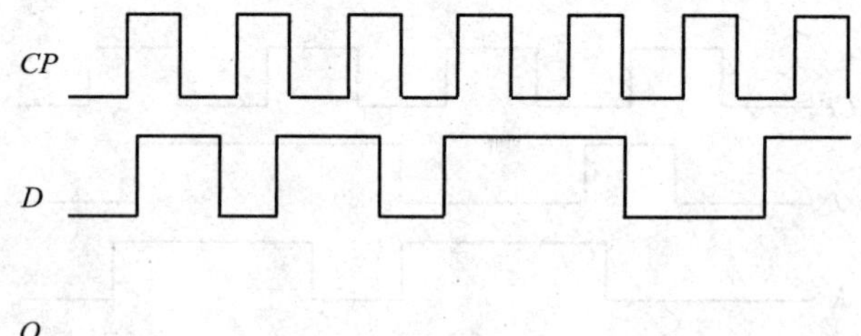

图 7–5

6. 下降沿触发的 T 触发器的 CP 端和 T 端的波形如图 7–6 所示，试在其下方画出输出端 Q 的波形。设 T 触发器的初始状态为 0。

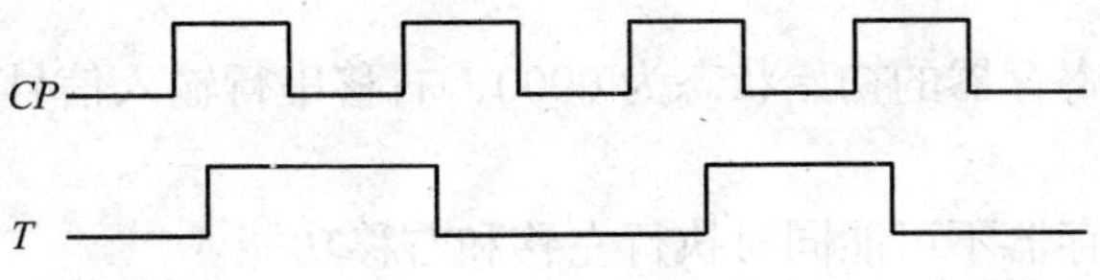

图 7–6

§ 7–2 常用的时序逻辑电路

一、填空题（将正确的答案填写在横线上）

1. 寄存器是一种用来暂时存放________数码的数字逻辑部件，主要由________和________构成。

2. 寄存器分为________________和________________两种。在寄存器中，一个触发器可以存放________位二进制代码，要存放 n 位二进制代码，就要有________个触发器。

3. 4 位移位寄存器经过________个 CP 脉冲后可将 4 位串行输入数据全部串行输入到寄存器内，经过________个 CP 脉冲可以在串行输出端依次输出该 4 位数据。

4. 移位寄存器除了有________功能，还具有________功能。

5. 移位寄存器将数码向右移一位，相当于其对应十进制数________以 2；向左移一位，相当于其对应十进制数________以 2。

6. 计数器是由________和________组成的一种时序逻辑电路，它可以用来________输入脉冲的个数，还可以用来________、________或者进行数字运算等。

7. 计数器按计数的增减趋势不同可分为__________计数器、__________计数器和__________计数器三种。

8. 根据在 CP 脉冲到来时，触发器状态更新是否同步，计数器可分为________计数器和________计数器两种。

二、判断题（正确的在括号内打“√”，错误的在括号内打“×”）

1. 译码器和寄存器都属于时序逻辑电路。（　　）

2. 数码寄存器可长期存放数据。（　　）

3. 移位寄存器一般采用边沿 D 触发器构成。（　　）

4. 双向移位寄存器是指在移位控制下数码可分别向两个方向移位的寄存器。（　　）

5. 如 4 位右移寄存器的初始状态为 0000，右移串行输入信号也为 0，则不能执行右移功能。（　　）

6. 双向移位寄存器不可能同时执行左移和右移功能。（　　）

7. 在异步计数器中，当时钟脉冲到达时，各触发器的翻转是同时发生的。（　　）

8. 和异步计数器相比，同步计数器的显著特点是工作速度高。（　　）

9. 可逆计数器既能做加法计数，又能做减法计数。（　　）

10. 计数器计数前不需要清零。（　　）

11. 由于每个触发器都有两个稳定状态，因此存放 8 位二进制数码时，需 4 个触发器。（　　）

三、选择题（将正确答案的序号填入括号中）

1.（　　）是一种用来暂时存放二进制数码的数字逻辑部件。

A. 编码器　　B. 译码器　　C. 寄存器

2. 移位寄存器除具有存放数码的功能外，还具有（　　）的功能。

A. 移位　　B. 编码　　C. 译码

3. 移位寄存器可分为（　　）和（　　）两种。

A. 单向移位寄存器　　B. 右移寄存器

C. 左移寄存器　　D. 双向移位寄存器

4. 双向移位寄存器中的数码既能（　　），又能（　　）。

A. 上移　　B. 下移

C. 左移　　D. 右移

5. 构成计数器的基本电路是（　　）。

A. 与门　　B. 或门

C. 非门　　D. 触发器

6. 对于同步二进制计数器，输入的计数脉冲 CP 作用在（　　）。

A. 各触发器的时钟端　　B. 最低位触发器的时钟端

C. 最高位触发器的时钟端　　D. 任意位触发器的时钟端

7. 二进制计数器是按照（　　）的计数规律进行加法或减法计数的。

A. 二进制　　B. 十进制

C. 8421BCD 码　　D. 2421BCD 码

8. 一个 4 位二进制加法计数器，由 0000 状态开始，经过 25 个时钟脉冲后，此计数器的状态为（　　）。

A. 1100　　B. 1000　　C. 1001　　D. 1010

9. 构成移位寄存器不能采用的触发器为（　　）触发器。

A. RS　　B. JK　　C. 同步　　D. T

四、综合题

1. 如图 7–7 所示的寄存器，初始状态 $Q_3Q_2Q_1Q_0$ = 0000，串行输入端 D_{SL} 输入的数据为 1101，试列出在连续四个 CP 脉冲作用下寄存器的状态表。

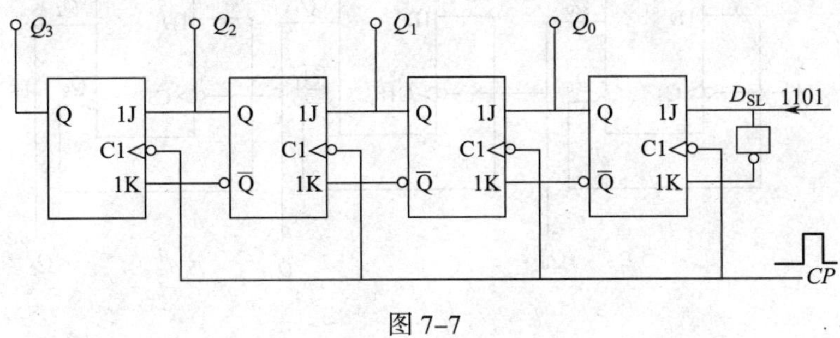

图 7–7

2. 图 7–8 所示移位寄存器的初始状态为 1111，当第二个 CP 脉冲到来后，寄存器中保存的数码是什么？试画出连续四个 CP 脉冲作用下 Q_3、Q_2、Q_1、Q_0 的波形图。

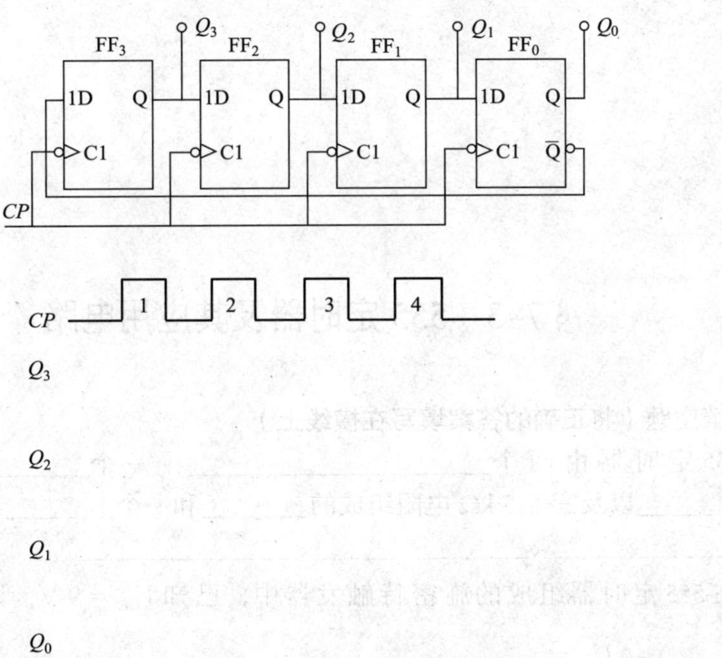

图 7–8

3. 图 7–9a 所示电路为由 D 触发器构成的异步计数器，试说明其功能，并根据图 7–9b 所示脉冲波形画出 Q_0、Q_1、Q_2 的电压波形。

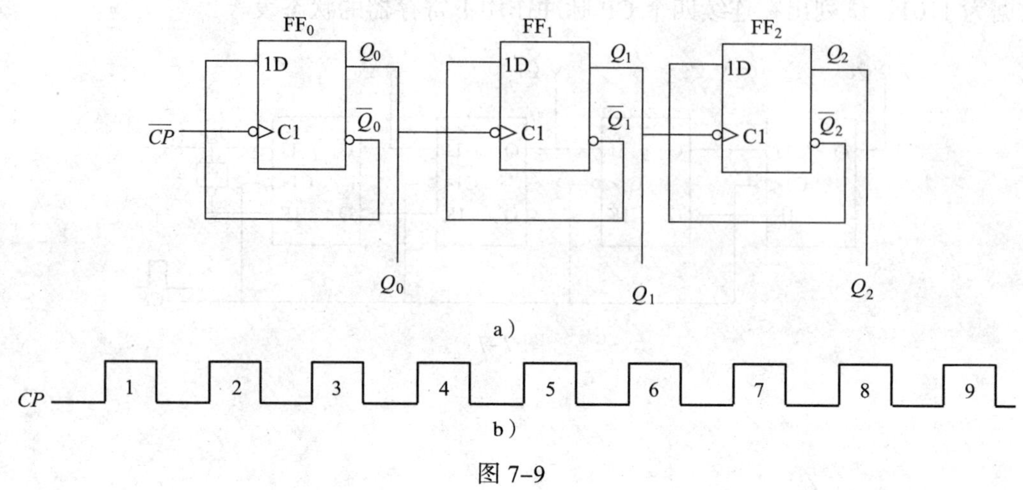

a）

CP 1 2 3 4 5 6 7 8 9

b）

图 7–9

§ 7–3　555 定时器及其应用电路

一、填空题（将正确的答案填写在横线上）

1. 555 定时器由两个________、一个________、一个________以及三个 5 kΩ 电阻组成的________和一个________组成，其典型应用电路有________、________、________。

2. 在 555 定时器组成的施密特触发器中，已知 $V_{CC}=9$ V，则 $U_{T+}=$________，$U_{T-}=$________，$\Delta U_T=$________。

3. 单稳态触发器输出脉冲的频率和________的频率相同，其输出脉冲宽

度 t_w 与__________成正比。

4. 由 555 定时器组成的单稳态触发器中，输出脉冲宽度 t_w 为________。为使其能正常工作，直接置 0 端 $\overline{R_D}$ 应接________，通常将 $\overline{R_D}$ 接到 555 定时器的__________上。

5. 在由 555 定时器组成的多谐振荡器中，其输出脉冲周期 T 为_________________。电路工作于振荡状态时，直接置 0 端 $\overline{R_D}$ 应接_________；要求停止振荡时，$\overline{R_D}$ 端应接_________。

二、判断题（正确的在括号内打"√"，错误的在括号内打"×"）

1. 施密特触发器可将输入的模拟信号变换成矩形脉冲输出。（ ）

2. 单稳态触发器可将输入幅度不等、宽度也不等的脉冲信号整形成幅度和宽度都符合要求的脉冲信号输出。（ ）

3. 在由 555 定时器组成的单稳态触发器中，加大负触发脉冲的宽度可增大输出脉冲的宽度。（ ）

4. 改变多谐振荡器外接电阻 R 和电容 C 的大小，可改变输出脉冲的频率。（ ）

三、选择题（将正确答案的序号填入括号中）

1. 为了提高 555 定时器组成的多谐振荡器的频率，应（ ）。

A. 同时增大 R、C 值

B. 同时减小 R、C 值

C. 同比增大 R 值，减小 C 值

D. 同比减小 R 值，增大 C 值

2. 要将宽度不等的脉冲信号变换成宽度符合要求的脉冲信号，应采用（ ）。

A. 施密特触发器　　B. 触发器

C. 单稳态触发器　　D. 多谐振荡器

3. 如单稳态触发器输入触发脉冲的频率为 10 kHz，则输出脉冲的频率为（ ）kHz。

A. 5　　B. 10

C. 20　　D. 40

4. 单稳态触发器输出脉冲的宽度取决于（ ）。

A. 触发脉冲的宽度　　B. 触发脉冲的幅度

C. 电路本身的电容、电阻的参数　　D. 电源电压的数值

5. 当施密特触发器用于波形整形时，输入信号的最大值应（ ）。

A. 大于正向阈值电压　　B. 小于正向阈值电压

C. 大于负向阈值电压　　D. 小于负向阈值电压

6. 在图 7–10 所示用 555 定时器组成的施密特触发电路中，它的回差电压等于（ ）V。

A. 5　　B. 2

C. 4　　D. 3

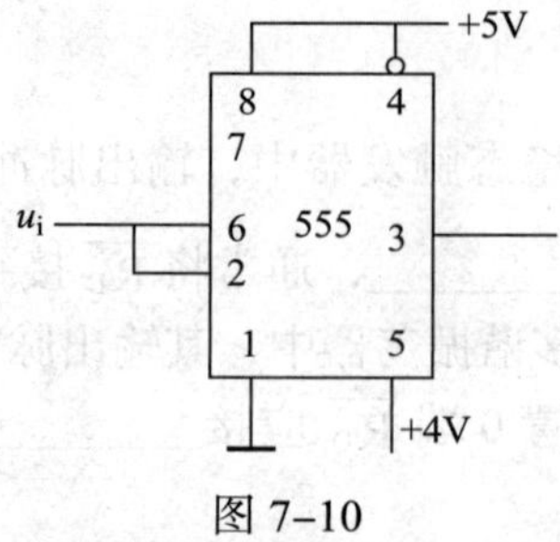

图 7–10

四、综合题

1. 图 7–11 所示为由 555 定时器组成的多谐振荡器，已知 $V_{CC}=12$ V，C=0.1 μF，$R_1=15$ kΩ，$R_2=24$ kΩ，试完成下列题目：

（1）计算多谐振荡器的振荡频率。

（2）对应画出 u_C 和 u_o 的电压波形。

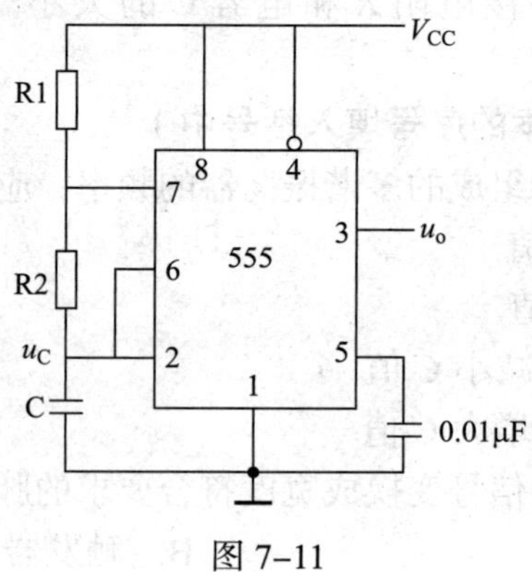

图 7–11

2. 图 7–12 所示为由 555 定时器构成的单稳态触发器，设 V_{CC} = 12 V，R = 33 kΩ，C =0.1 μF，试完成下列题目：

（1）计算输出电压 u_o 的脉冲宽度 t_w。

（2）对应画出 u_i 、u_C 和 u_o 的波形。

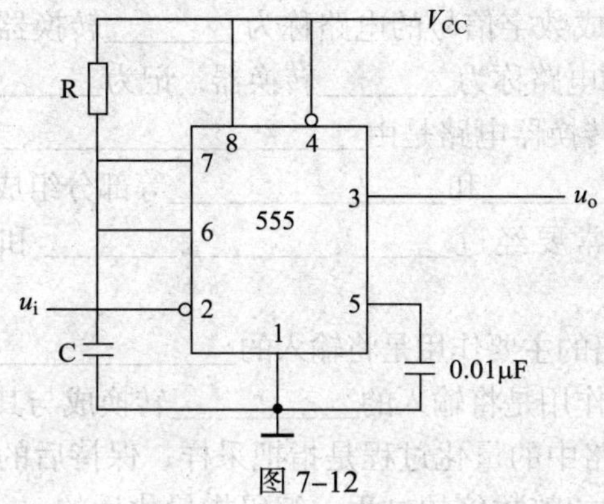

图 7–12

3. 由 555 定时器构成的施密特触发器中，若 V_{CC} = 12 V，电压控制端经 0.01 μF 电容接地，则上限触发电平 U_{T+} 和下限触发电平 U_{T-} 各是多少伏？

§7-4 数 / 模与模 / 数转换器

一、填空题（将正确的答案填写在横线上）

1. 将模拟信号转换成数字信号的电路称为________转换器，记为________；将数字信号转换为模拟信号的电路称为________转换器，记为________。

2. 一个 n 位数 / 模转换器电路是由__________________、__________________、________________、________________和________________等部分组成的。

3. 模 / 数转换器通常要经过______、________、________和________四个步骤来完成。

4. 数 / 模转换器电路的主要作用是将输入的_____________转换成_____________；模 / 数转换器电路的主要作用是将输入的___________转换成与其成正比的___________。

5. 模 / 数转换器电路中的量化过程是指把采样、保持后的阶梯信号按指定要求划分为某个_____________的整数倍的过程，编码指量化后的________用________表示出来。

二、判断题（正确的在括号内打“√”，错误的在括号内打“×”）

1. 把模拟量转换成数字量的过程称为数 / 模转换。（　　）

2. 模拟信号经过采样、保持后，输出的信号电压波形为三角形。（　　）

3. 把 1 V 的电压分成八个等级，最小量化单位为 8。（　　）

4. 经采样 - 保持电路输出的信号幅值是断续变化的脉冲信号。（　　）

三、选择题（将正确答案的序号填入括号中）

1. 将一个在时间上连续变化的模拟量转换为随时间断续（离散）变化的模拟量的过程，称为（　　）。

A. 采样　　B. 量化　　C. 保持　　D. 编码

2. 用二进制码表示某一最小单位电压整数倍的过程，称为（　　）。

A. 采样　　B. 量化　　C. 保持　　D. 编码

第八章　晶闸管及其应用电路

§8-1　晶　闸　管

一、填空题（将正确的答案填写在横线上）

1. 晶闸管是一种大功率半导体器件，它由______层硅半导体组成，中间形成______个PN结。普通晶闸管的图形符号是___________，三个电极分别是阳极______、阴极______和门极______。

2. 晶闸管的导通条件是：在__________和________之间加正向电压的同时，在__________和_________之间也加正向电压。晶闸管导通后，_________就失去控制作用，这时晶闸管本身的压降为______V左右。

3. 实际使用晶闸管时，应考虑的参数主要有___________、__________、___________、___________和___________等。

二、判断题（正确的在括号内打"√"，错误的在括号内打"×"）

1. 晶闸管和三极管都能用小电流控制大电流，因此它们都具有放大作用。（　　）

2. 晶闸管和二极管一样具有反向阻断能力，但没有正向阻断能力。（　　）

3. 晶闸管触发导通后，门极仍具有控制作用。（　　）

4. 晶闸管门极不加正向触发电压，晶闸管就永远不会导通。（　　）

5. 晶闸管导通后，若阳极电流小于维持电流 I_H，晶闸管必然自行关断。（　　）

6. 晶闸管由正向阻断状态变为导通状态所需要的最小门极电流，称为维持电流。（　　）

7. 晶闸管是以门极电流的大小去控制阳极电流的大小。（　　）

8. 晶闸管正向阻断时，阳极与阴极间只有很小的电流。（　　）

9. 晶闸管的门极与阴极间是一个PN结，判别方法同二极管极性的判别方法一样。（　　）

10. 要使导通的晶闸管关断，只能采用断开电路的方法。（　　）

11. 晶闸管导通后，其电流大小受门极控制。（　　）

12. 要使晶闸管由导通转为阻断，只需去掉门极电压。（　　）

13. 用万用表检测晶闸管好坏时，可以随意选用欧姆挡任何一挡使用。（　　）

三、选择题（将正确答案的序号填入括号中）

1. 普通晶闸管由（　　）层杂质半导体组成。

A. 1　　B. 2　　C. 3　　D. 4

2. 晶闸管外部的电极数目为（　　）个。

A. 1　　B. 2　　C. 3　　D. 4

3. 单向晶闸管内部有（　　）个 PN 结。

A. 2　　B. 3　　C. 4　　D. 6

4. 普通晶闸管由中间 P 层引出的电极是（　　）。

A. 阳极　　B. 门极　　C. 阴极　　D. 无法确定

5. 晶闸管导通后通过晶闸管的电流决定于（　　）。

A. 电路的负载

B. 晶闸管的电流容量

C. 晶闸管阳极和阴极之间的电压

6. 触发导通的晶闸管，当阳极电流减小到维持电流以下时，晶闸管的状态是（　　）。

A. 继续维持导通

B. 转为关断

C. 阳极与阴极间有正向电压，晶闸管能继续导通

D. 不确定

7. 允许重复加在晶闸管阳极和阴极之间的电压为（　　）。

A. 正反向转折电压的有效值

B. 正反向转折电压的峰值减去 100 V

C. 正反向转折电压的峰值

8. 晶闸管具有（　　）。

A. 单向导电性　　B. 可控的单向导电性

C. 电流放大作用　　D. 负阻效应

9. 关于晶闸管，下列说法不正确的是（　　）。

A. 具有反向阻断能力　　B. 具有正向阻断能力

C. 导通后门极失去作用　　D. 导通后门极仍起作用

10. 要使晶闸管由导通变为截止需（　　）。

A. 升高阳极电压　　B. 降低阴极电压

C. 断开控制电路　　D. 使正向电流小于最小维持电流

11. 要使晶闸管导通，必须同时满足（　　）。

A. 阳极和阴极间加正向电压，门极加适当的反向电压

B. 阳极和阴极间加正向电压，门极加适当的正向电压

C. 阳极和阴极间加反向电压，门极加适当的反向电压

D. 阳极和阴极间加反向电压，门极加适当的正向电压

12. 用万用表测试单向晶闸管时，A、K 极间的正反向电阻应（　　）。

A. 一大一小　　B. 都很小

C. 都很大　　D. 都不大

四、综合题

1. 晶闸管导通的条件是什么？

2. 某晶闸管型号规格为 KP200-18F，试说明该型号规格中各项所代表的含义。

3. 在图 8-1 所示电路中，输入电压为 u_i，若开关 S 在 t_1 时刻闭合，t_2 时刻断开，则负载电压 u_L 的波形是怎样的？

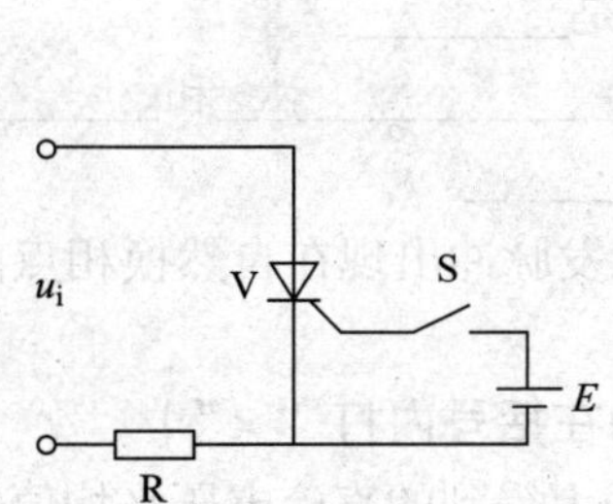

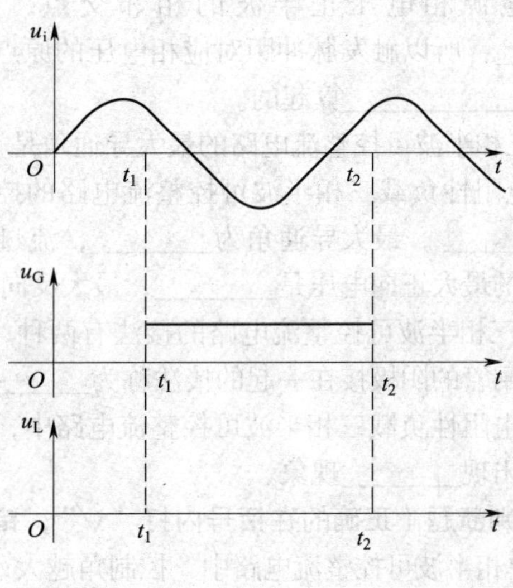

图 8-1

§8-2 晶闸管整流电路

一、填空题（将正确的答案填写在横线上）

1. 与晶闸管导通时间对应的电角度称为________，它的值越大，输出电压越________。

2. 在可控整流电路中，晶闸管承受正向电压并且门极加有____________时导通。

3. 单相半波可控整流电路中，变压器二次侧电压的有效值 $U_2 = 10$ V，当控制角 α 分别为 0°、90° 和 180° 时，负载电阻 R_L 上所得到的直流平均电压分别为________V、________V 和________V。

4. 电阻性负载单相半控桥式整流电路的最大导通角是________，移相范围是________，晶闸管阻断时承受的最大正向电压是________，最大反向电压是________。

5. 在单相可控整流电路中，改变对晶闸管施加脉冲的时刻，就能改变整流电路输出电压的波形：当________时，输出电压最大；当____________时，输出电压减小；当____________时，输出电压为零。

6. 一般容量在 4 kW 以下的可控整流装置多采用________可控整流，对大功率负载则多采用________可控整流。

7. 电源相电压正半波的相邻交点，称为______________，距相电压原点为________，所以触发脉冲距对应相电压的原点为________。三相可控整流电路的控制角是从______________算起的。

8. 三相半波可控整流电路的最大导通角是________。

9. 电阻性负载三相半波可控整流电路的控制角是从____________算起，移相范围是____________，最大导通角为________，流过每个晶闸管的平均电流是________，晶闸管承受的最大正向电压是________，最大反向电压是________。

10. 三相半波可控整流电路的接法有两种，即________________和____________。将三只晶闸管的阴极接在一起的接法称为________________。

11. 电阻性负载三相半波可控整流电路中，若触发脉冲出现在自然换相点前，则输出电压会出现________现象。

二、判断题（正确的在括号内打“√”，错误的在括号内打“×”）

1. 单相半波可控整流电路中，控制角越大，负载上得到的直流电压平均值也越大。 (   )

2. 在电阻性负载单相半控桥式整流电路中，当 $\alpha > 90°$ 后，晶闸管承受的最大反向电压小于 $\sqrt{2}\,U_2$。 (   )

3. 在电阻性负载单相半控桥式整流电路中，当 $\alpha = 90°$ 时，输出直流电压的平均值为 $U_L = 0.45U_2$。 (   )

4. 在电阻性负载单相半控桥式整流电路中，当 $\alpha = 180°$ 时，输出直流电压的平均值为 $U_L = 0.9U_2$。 (   )

5. 电阻性负载可控整流电路的特点是负载两端的电压和通过它的电流总是成比例的，而且波形相同。（ ）

6. 三相可控整流电路的控制角从电源电压波形由负变正时算起。（ ）

7. 三相半波可控整流电路的移相范围和最大导通角都是 150°。（ ）

8. 在三相半波可控整流电路中，当 α 在 0~30° 范围内时，输出直流电压的平均值随 α 的变化而变化。（ ）

9. 在电阻性负载三相半波可控整流电路中，当 $\alpha=60°$ 时，输出电压波形刚好维持连续。（ ）

10. 在三相半波可控整流电路中，晶闸管承受正向电压即导通。（ ）

11. 在三相半控桥式整流电路中，每只晶闸管流过的平均电流和负载的平均电流相同。（ ）

12. 在三相半控桥式整流电路中，当 $\alpha \leqslant 30°$ 时波形连续，晶闸管导通角 $\theta=120°$，所以 $\alpha=30°$ 为临界连续点。（ ）

13. 在三相半控桥式整流电路中，当 $\alpha=180°$ 时，输出电压 $u_L=0$。（ ）

三、选择题（将正确答案的序号填入括号中）

1. 晶闸管整流电路输出电压的改变是通过（ ）实现的。

A. 调节控制角

B. 调节触发电压大小

C. 调节阳极电压大小

D. 调节触发电流大小

2. 晶闸管的导通角越大，则控制角（ ）。

A. 越小　B. 越大　C. 不改变　D. 不确定

3. 在电阻性负载单相半波可控整流电路中，输入电压 $U_2=220$ V，输出电压 $U_L=50$ V，则其控制角为（ ）。

A. 45°　B. 90°　C. 120°　D. 22.5°

4. 在可控整流电路中，输出电压随控制角的变大而（ ）。

A. 变大　B. 变小　C. 不变　D. 无规律

5. 单相半波可控整流电路的直流输出电压平均值是交流输入电压有效值的（ ）倍。

A. 0.9　B. 0.45　C. 0~0.45　D. 0~0.9

6. 在单相半波可控整流电路中，若负载平均电流为 10 mA，则实际通过晶闸管的平均电流为（ ）mA。

A. 5　B. 0　C. 10　D. 20

7. 在单相半波可控整流电路中，若变压器二次侧电压为 20 V，则晶闸管实际承受的最高反向电压为（ ）V。

A. 20　B. $20\sqrt{2}$　C. 18　D. 9

8. 下列晶闸管电路中，可以带交流负载的电路是（ ）。

A. 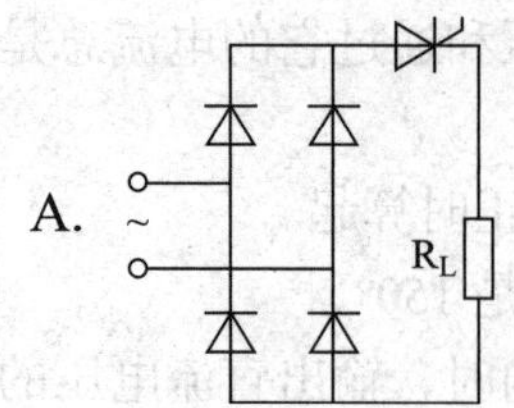

B. 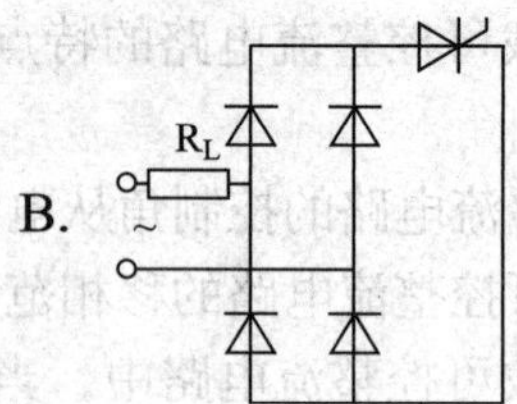

C. 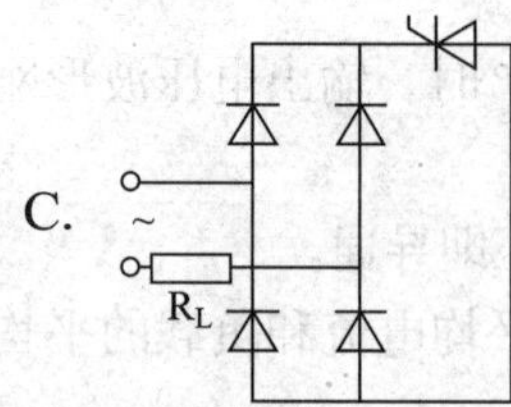

9. 在三相半波可控整流电路中，若负载平均电流为 18 A，则每只晶闸管实际通过的平均电流为（　　）A。

A. 18　　B. 9　　C. 6　　D. 3

10. 在三相半波可控整流电路中，若变压器的二次侧电压为 U_2，则当 $0<\alpha<30°$ 时输出平均电压为（　　）。

A. $1.17U_2\cos\alpha$　　B. $0.9U_2\cos\alpha$

C. $0.45U_2\cos\alpha$　　D. $1.17U_2$

11. 在三相半波可控整流电路中，若触发脉冲加于自然换相点之前，则输出电压将（　　）。

A. 很大　　B. 很小

C. 出现缺相现象　　D. 为 0

12. 三相半波可控整流电路的输出直流电压波形在（　　）的范围内是连续的。

A. $\alpha<60°$　　B. $\alpha<30°$

C. $30°<\alpha<150°$　　D. $\alpha>30°$

13. 在三相半控桥式整流电路中，刚好维持输出电压波形连续的控制角 α 是（　　）。

A. 30°　　B. 60°　　C. 120°　　D. 180°

14. 在三相半控桥式整流电路中，要求共阴极组晶闸管的触发脉冲之间的相位差为（　　）。

A. 60°　　B. 120°　　C. 150°　　D. 180°

15. 在三相半控桥式整流电路中，每只晶闸管承受的最高正反向电压为变压器二次侧相电压的（　　）倍。

A. 1　　B. $\sqrt{2}$　　C. $\sqrt{3}$　　D. $\sqrt{6}$

16. 三相半控桥式整流电路的移相范围为（　　）。

A. $\alpha=0°\sim180°$　　B. $\alpha=0°\sim90°$

C. $\alpha=0°\sim120°$　　D. $\alpha=0°\sim150°$

四、综合题

1. 什么是控制角？控制角、导通角之间有什么关系？

2. 有一单相半波可控整流电路，交流电源电压 $U_2 = 220$ V，$R_L = 5$ Ω，控制角 $\alpha = 60°$，求输出电压平均值和负载中的平均电流。

3. 电阻性负载单相半控桥式整流电路的最大输出电压是 110 V，输出电流为 50 V。则：

（1）交流电源电压的有效值 U_2 是多少？

（2）当 $\alpha = 60°$ 时，输出电压是多少？

4. 在电阻性负载三相半控桥式整流电路中，已知变压器二次侧相电压 $U_2 = 220$ V，控制角 $\alpha = 45°$，负载为 10 Ω，试计算负载两端的直流电压平均值、负载中电流的平均值和每只晶闸管流过的电流平均值。

5. 在电阻性负载三相半控桥式整流电路中，要求输出最大为 220 V 的直流电压，则电源变压器二次侧相电压和线电压应各是多少？每只晶闸管承受的最大反向电压是多少？

§ 8–3　晶闸管的选择和保护

一、填空题（将正确的答案填写在横线上）

1. 为了保证晶闸管长时间安全可靠地工作，实际使用时除主要考虑晶闸管的________和________，还必须采取适当的________、________保护措施。

2. 过电压保护通常采用____________和__________保护。

3. 若已知晶闸管的反向峰值电压 U_{RM}，则晶闸管的额定电压 U_{RRM} 一般取__________。

4. 若已知电路最大工作电流 $I_{t(AV)}$，则晶闸管的额定电流 $I_{T(AV)}$ 一般取________。

5. 晶闸管的主要缺点是热容量很小，承受过电压和过电流能力差，因而在主电路中需采取________保护和________保护等措施。

6. 过电流保护的作用是，一旦有过电流威胁晶闸管时，能在允许时间内________切断，以防晶闸管损坏。

7. 产生过电流的原因主要有________、________、____________或________

____________等。

8. 产生过电压的原因是由于电路中含有_______元件，在____________________、__________________________、__________________________等情况下，_______中会产生很高的_______，使晶闸管承受很高的电压，从而误导通，甚至被击穿。

二、判断题（正确的在括号内打"√"，错误的在括号内打"×"）

1. 晶闸管承受过电压、过电流的能力很强。（　　）
2. 快速熔断器使用时应与被保护电路串联使用。（　　）
3. 阻容吸收回路可以对晶闸管进行过电流保护。（　　）
4. 晶闸管可控整流电路中，晶闸管应有过电压和过电流保护电路。（　　）
5. 用普通熔断器也可达到过电流保护的目的。（　　）

§8–4 晶闸管的触发电路

一、填空题（将正确的答案填写在横线上）

1. 对触发电路的要求是__________、能平稳移相且_________________，脉冲前沿要________，且有足够的__________与_______，稳定性与______性能好。

2. 单结晶体管的三个极分别是_______、__________和__________，用字母______、______和______表示。

3. 当发射极电压等于________________时，单结晶体管导通；导通后，当发射极电压下降到________________时变为截止。

4. 单结晶体管的发射极和第一基极之间的电阻 R_{B1} 随发射极电流的增大而_______。

5. 利用单结晶体管的____________和________________________特性，可以组成单结晶体管振荡电路，又称为______________________________。

二、判断题（正确的在括号内打"√"，错误的在括号内打"×"）

1. 单结晶体管具有单向导电特性。（　　）
2. 单结晶体管触发电路是利用单结晶体管的负阻特性和RC电路的充放电特性组成振荡电路来产生触发脉冲的。（　　）
3. 改变单结晶体管振荡电路中充放电回路的时间常数，可以改变输出脉冲频率。（　　）
4. 单相半控桥式整流电路只用一个脉冲电路就可把触发脉冲同时送到两只晶闸管上。（　　）

三、选择题（将正确答案的序号填入括号中）

1. 单结晶体管的发射极电压高于（　　）电压时就导通。
   A. 额定　B. 峰点　C. 谷点　D. 安全
2. 单结晶体管振荡电路是利用单结晶体管（　　）的工作特性设计的。
   A. 截止区　B. 饱和区　C. 负阻区　D. 任意区域

3. 单结晶体管触发电路中，调小电位器的阻值会使晶闸管导通角（　　）。

A. 增大　　B. 减小　　C. 不变　　D. 随机变化

4. 单结晶体管触发电路输出触发脉冲的幅值取决于（　　）。

A. 发射极电压 U_E　　B. 电容 C　　C. 电阻 R_B　　D. 分压比 η

5. 图 8–2 所示单结晶体管振荡电路中，决定控制角大小的元件是（　　）。

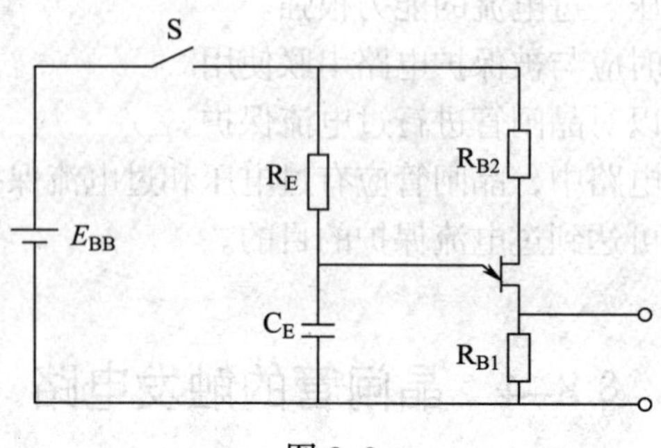

图 8–2

A. R_E　　B. R_E 和 C_E　　C. R_{B2}　　D. R_{B1}

6. 单结晶体管触发电路输出脉冲的频率取决于（　　）。

A. 充放电回路的时间常数

B. 单结晶体管的分压比

C. 直流电源电压

D. 第一和第二基极电阻

四、综合题

1. 在用单结晶体管组成的触发电路中，直流电源为什么不允许用电容滤波而用稳压管限幅？

2. 如图 8–3 所示单结晶体管触发电路中，$U_{BB}=20$ V，$U_{VD}=0.7$ V，单结晶体管的分压比 $\eta=0.6$，则发射极电压升高到多少伏时单结晶体管才能导通？若 $U_{BB}=12$ V，情况又如何？

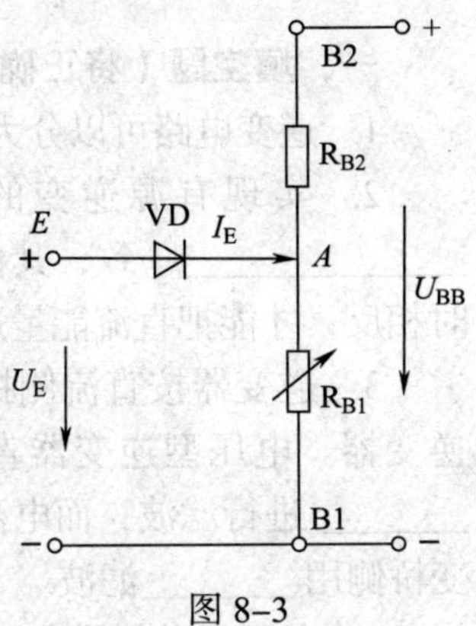

图 8–3

3. 可控整流电路为什么要求触发脉冲与主电源同步？应如何实现同步？

§ 8–5　晶闸管的其他应用电路

一、填空题（将正确的答案填写在横线上）

1. 逆变电路可以分为______________和______________两大类。

2. 实现有源逆变的条件为：(1) 要有________________，其极性和晶闸管的____________一致，其值大于________；(2) $\alpha >$ ________，使输出电压极性与整流时相反，才能把直流能量逆变成交流能量反送到交流电网。

3. 逆变器按直流侧提供的电源性质来分，可分为________型逆变器和________型逆变器。电压型逆变器直流侧是电压源，通常由可控整流输出在最靠近逆变桥侧用________进行滤波；而电流型逆变器直流侧是电流源，通常由可控整流输出在最靠近逆变桥侧用________滤波。

4. 电压型逆变器中间直流环节的储能元件是________。

5. 电流型逆变器中间直流环节的储能元件是________。

6. 变频器可分为______________和____________________两大类。

7. 交—直—交变频器是一种间接变频器，由________和________两部分组成。

二、判断题（正确的在括号内打“√”，错误的在括号内打“×”）

1. 一般的整流电路都可以作为逆变器使用。（　　）

2. 对应于整流的逆向过程称为逆变，直流电逆变为交流电的电路称为逆变电路。（　　）

3. 晶闸管整流装置在一定条件下，既可做整流，也可做逆变。（　　）

4. 有源逆变指的是把直流电能转变成交流电能送给负载。（　　）

5. 无源逆变电路是把直流电能逆变成交流电能送给交流电网。（　　）

6. 无源逆变指的是不需要逆变电源的逆变电路。（　　）

7. 为了反馈感性负载上的无功能量，电压型逆变电路必须在电力开关器件上反并联反馈二极管。（　　）

8. 变频器广泛应用于异步电动机的变频调速。（　　）

三、综合题

1. 有源逆变电路必须具备什么条件才能进行逆变工作？

2. 电压型逆变电路中反馈二极管的作用是什么？为什么电流型逆变电路中没有反馈二极管？电流型逆变器中间直流环节的储能元件是什么？